生态导向的区域景观规划理论与方法

马彦红 陈 曦 著

中国建筑工业出版社

图书在版编目（CIP）数据

生态导向的区域景观规划理论与方法 / 马彦红，陈曦著 . —北京：中国建筑工业出版社，2022.12
ISBN 978-7-112-28004-9

Ⅰ . ①生… Ⅱ . ①马… ②陈… Ⅲ . ①景观生态环境
—生态规划 Ⅳ . ① X32

中国版本图书馆 CIP 数据核字（2022）第 176616 号

责任编辑：黄 翊
责任校对：李美娜

生态导向的区域景观规划理论与方法
马彦红 陈 曦 著

*

中国建筑工业出版社出版、发行（北京海淀三里河路 9 号）
各地新华书店、建筑书店经销
北京雅盈中佳图文设计公司制版
北京建筑工业印刷厂印刷

*

开本：787 毫米 ×1092 毫米 1/16 印张：$12\frac{1}{2}$ 字数：242 千字
2022 年 12 月第一版 2022 年 12 月第一次印刷
定价：58.00 元
ISBN 978-7-112-28004-9
（40140）

前　言

　　长久以来，我国区域景观营建实践，尤其是区域景观生态规划，轻文化、重空间的"单条腿走路"模式占据着主导地位，造成了区域生态文化建设及大众生态美学价值取向发展的滞后。此外，区域自然生态系统是经由漫长演化形成的一种空间稳定态，是具有强烈时间演进与过程变化属性的美学与功能实体，然而现状区域景观空间营建与自然生态系统过程规律间的非耦合性导致了区域生存环境与生态系统危机的不断深重。在此背景下，我国国家生态治理体系新型思维 ① 提出以区域的视野进行整体统筹与协同决策是生态文明建设的重要尺度。同时，党的十九大报告对生态文明建设的新要求着重强调，生态文明共建具有文化生态与空间生态的双导向，两者相辅相成，共同促进。因而，面对区域景观的现状问题及区域生态文明建设的新要求，区域景观营建作为调节人与自然环境间关系的重要媒介，有必要对其相关理论与方法进行适应性调整。

　　基于上述认知，以区域景观生态系统服务概念与实践之反思为核心切入点，站在"人类反哺自然—服务生态系统"的伦理高度，研究首先提出服务生态系统的区域景观营建的概念。在对生态系统的过程属性、区域景观营建的过程本质、服务生态系统与区域景观营建的关系、区域景观营建协同必要性的理论支撑进行阐述的基础上，对现状区域景观营建中的具体问题进行了归纳。研究指出：生态文化建设的缺位是当前我国区域景观营建规划组织系统的主要顶层设计缺陷，过程属性的缺失是区域景观生态空间格局控制的主要短板，协同性建设是促进区域景观生态文化营建向区域景观生态空间格局控制适应性嵌入的主要突破口。在此基础上，研究提出：普通民众（公众层）对区域景观的日常性作用与行政部门和规划机构（精英层）对区域景观的专业性管控是影响区域景观系统发生变化、面向区域景观生态系统结构和功能维护和修复的"软

---

　　① 　本书中我国"国家生态治理体系新型思维"所指并非某个特定的中央或部委文件，而是对《中共中央国务院关于建立国土空间规划体系并监督实施的若干意见（2019年5月）》《关于设立统一规范的国家生态文明试验区的意见（2016年8月）》，以及党的十九大报告分别在"贯彻新发展理念，建设现代化经济体系"和"加快生态文明体制改革建设美丽中国"两个篇章中所论述"区域生态文明建设"议题等政策文件、发展战略的统称。

件"与"硬件",二者缺一不可,互相促进;构建以区域景观生态文化营建和区域景观生态空间格局控制为主旨的双通路式区域景观规划组织系统,才是真正推动当下区域生态文明共建的时代内容与制度创新。

以上述分析为基础,研究以服务生态系统的区域景观营建生态伦理观、生态美学观、生态空间观作为理念依据,指出:生态美学与生态伦理导向下的区域景观生态文化营建、生态空间与生态决策导向下的区域景观空间格局控制、区域生态文化营建与区域空间格局控制的协同机制建构是服务生态系统的区域景观营建的三个内容,形成了服务生态系统的区域景观营建理论框架。进而以回归生态系统自身发展与演化以及人与生态系统彼此作用、影响中的固有过程属性为抓手。将亲生命性的景观美学认知、亲地方性的景观历史线索作为区域景观生态文化营建的关键要素接入,对区域亲生命性的景观美学认知培育、区域亲地方性的景观历史线索串联两部分内容进行了论述,提出了服务生态系统的区域景观生态文化营建策略;将生态导向型的规划决策、空间向生态的适应性整合作为区域景观空间格局控制的关键要素接入,以区域空间、生态二元景观规划的整合以及区域景观规划中的生态导向型决策构成两部分内容为支撑,创建了服务生态系统的区域景观生态空间格局控制方法;并通过区域景观营建协同的内在关联性分析、区域景观营建协同的规划组织机制框架构建,阐明了服务生态系统的区域景观营建协同机制;最终形成具有鲜明生态伦理美学与生态实操价值取向的区域景观营建理论和方法。

本书在立意、架构、撰写与出版等环节或过程中,得到中央高校基本科研业务费 [编号 DUT22RC（3）093、DUT22RC（3）062]、省社科联 2023 年度辽宁省经济社会发展研究课题研究成果 [编号 2023lslqnkt-015、2023lslqnwzzkt-004]、重庆市自然科学基金博士后科学基金项目 [编号 cstc2020jcyj-bshX0031],以及 2022 年度中国科协科技智库青年人才计划 [编号 20220615ZZ07110386] 支持或资助,谨在此致以诚挚谢意。

最后,由于作者水平有限,书中缺点、错误不可避免,尤其观点、视角难免有局限性,望读者批评指正,以便后续修改与补充。

目　录

第1章
绪　论

1.1　研究缘起

1.1.1　我国生态文明建设对区域景观营建的新要求

　　我国十八大报告指出"建设生态文明，是关系人民福祉、关乎民族未来的长远大计"，首次将生态文明建设纳入"五位一体"总体布局，提高了生态文明建设的战略地位。习近平总书记在十九大报告中进一步提出"要牢固树立社会主义生态文明观，构建生态廊道和生物多样性保护网络，大力优化生态安全屏障体制，推动形成人与自然和谐发展的现代化建设新格局"、"推行重大生态系统保护和修复关键项目，提高生态系统质量和稳定性"。与此同时，我国国家生态治理体系新型思维也提出，以区域的视野进行整体统筹与协同决策是生态文明建设的重要尺度。因此，一方面，区域景观营建必然是我国生态文明建设的主体尺度与核心战场；而另一方面，我国未来区域景观营建核心主旨不仅是文化生态的面向，同时也是空间生态的面向。

　　（1）将生态文化建设内容纳入区域景观营建的新要求

　　长期以来，在我国实质性的区域景观规划实践中，尤其在区域景观生态规划的层面上，轻文化、重空间的"单条腿走路"模式往往占据着主导地位。

　　"生态兴则文明兴，生态衰则文明衰"。生态文化是生态文明建设的重要支柱与主体内容。生态文化在区域景观规划中的建设滞后已与新形势下我国对生态文明建设的总体要求格格不入。

　　社会哲学家刘易斯·芒福德（Lewis Mumford）认为："面对大自然，人类仿佛是一个自闭的物种，不但无法超越自己的狭隘、自私以及最小自我，甚至难以站在其自身可持续存续的角度来看待问题。人地关系日益紧张不是知识与文明的问题，而是道德的问题。为了确保人类的可持续性生存，我们必须从技术文化过渡到生态文化。"换言之，如果生态性的大众美学价值判断或伦理养成发展长期滞后，造成美学与生态长期分离甚至站在相悖的情境中，那么环境灾难如混凝土丛林、削山填湖、乱砍滥伐等破坏性建设的出现便无法避免[1]。即在"自在自然"向"人化自然"再到"自然的人化"的转变过程中，空间以及文化尺度的伦理与美学是人与自然交互作用下生发的三个主要方向，人对空间以至整个外物理环境的实践与态度的转变根本上有赖于大众审美情趣和思想意识向生态化美学与伦理化美学的嬗变。

对人与自然关系的辩证思考深度以及本质认知水平决定了人对于自然进行主观能动实践时所秉持的意识与态度。生态文化就是人与自然关系表达的集合，体现于人类开发和改造自然世界的意识和态度之中。王向荣教授认为，景观规划实践的正当性旨在基于美化自然和人工环境、恢复与保护自然环境、强化环保意识与义务来寻求人与其他自然物获得公正的、公平的、平等的环境权利与义务[2-4]。即景观首先是人与其他生物类群存续的物质空间媒介，承载了供其体验与栖息的基础功能；其次，景观是审美的对象，反映了人与自然的关系，呈现了人对外部环境的态度、理想与情感；再次，景观还是生态系统的载体，是有待人通过严谨、科学的态度对其进行探知与解读的客观对象；最后，以自然环境为基底，景观也是反映与记载人与人、人与环境间文化传承、情感寄托以及场所精神等交互特征的符号与烙印。因此，景观规划实践绝非为了提升视觉满足感而对自然环境进行的肆意剪裁，也非"一条腿走路"的景观空间规划或景观生态规划，其同时也是文化的议题。加强生态文化建设，自觉控制人与生态环境的合理关系，是社会生产等人类活动生态化以及实现可持续发展的根本途径。

（2）将生态过程属性纳入区域景观营建的新要求

快节奏的生活模式、高度发达的媒体时代之下，对视觉与图像的推崇和狂欢成为人们的生活方式。正如法国马克思主义理论家居伊·德波（Guy Debord）在追溯现代社会的发展历程后所强调的："在这个社会中，商品之间的关系取代了人与人之间的关系，真实的社会生活已经被其表现所取代。即在许多情境中，对景象的被动认同取代了人真正的感知与体验，人与人之间的社会关系有赖于依靠图像来进行调节[5]。"此种语境下，景观也无法独善其身，这一具有强烈时间演进与过程变化属性的美学与功能实体往往被快速压缩甚至拼贴成为迎合消费与生产的图像或程式。

一方面，生命综合体特征是自然景观所具有的自身独特属性。自然景观系统构成随时间的变换不断地经历着萌芽—生长—高潮—衰亡的更替，"春花、秋叶、冬果"似的生命演进与循环过程才是景观规划应有的实践与思维方式。另一方面，站在景观客体本身的角度，自然景观往往是在自身新陈代谢及外界自然力作用下并基于其自适应性、自组织性与自演变性三个特征属性、经由漫长时空变化而演化形成的一种稳定态。而人类主导下，通过其意识和行为作用于自然环境的过程是建构具有明显人类干预色彩景观的主要途径。显然，这种人类主观能动实践若是不能与自然景观的进化过程良性匹配或形成恰当的嵌入关系，则自然景观的"稳定态"必然受到扰乱或破坏。换句话说，恢复过程的漫长和生态系统的天然演替属性要求景观规划必须接入时间的流变因素，也正是人类实践活动与自然演替历程间的非耦合性导致了生态系统和生存环境的危机。即景观规划作为面向景观展开的一种时效性实践活动，静态性或短视性的目标达成考量、粗放性与非互惠性的经济效益追逐势必对景观可持续性存续，尤其是其生态功能的发挥带来严重的负面影响。

事实上，随着20世纪60年代环境保护主义的兴起及对景观是有机生态系统的认识的提高，越来越多的规划者认识到：景观的变化与演化是其永远不变的主题。例如，早在1962年，美国规划师本顿·麦凯（Benton MacKaye）在其著作《新的探索——一种区域规划哲学》（*The New Exploration：A Philosophy of Regional Planning*）中就提到："环境是历史的产物，景观规划师不仅应该了解景观前100个世纪的历史，而且应该为其后100个世纪的发展负责[6]。"换句话说，一路走来，景观历史、景观现状及景观的身份信息是由与景观发展相关的所有事件按时间关系排列而成，今天的任何针对景观的规划实践活动都可能成为影响景观未来发展的重要因素。2005年8月，联合国教育、科学及文化组织（United Nations Educational，Scientific，and Cultural Organization，UNESCO，简称联合国教科文组织）与国际风景设计师联盟（International Federation of Landscape Architects，IFLA）发表了《国际风景园林教育宪章》（*International Charter of Landscape Architecture Education*），明确指出：任何与影响自然生态系统相关的建设、创造、使用及管理的行为或事件都将给人类可持续发展带来深远影响，景观规划师必须对景观未来的发展负责[7]。诚然，在景观100个世纪的历史与500年发展展望之间建立一种有机连接是一项巨大挑战，但只要秉持景观是不断演化的动态遗产的本质认识，两者之间的鸿沟并没有想象中那么难以跨越。本书立足于景观的动态变化与过程演变的固有属性，摒弃非过程式、非演变式、非互惠式、非确证式等僵化、图化、短视、静态的景观规划思维模式，旨在提出适应景观自然进化固有属性的过程式景观规划方法与理论。

因此，如何以"区域景观生态文化营建"与"区域景观生态空间格局控制"为基石，建构形成两位一体式的区域景观生态化营建策略，是本研究所需要着重关注的一个方向。

1.1.2 区域景观生态系统服务概念与实践的反思

审美和生态间的冲突关系与状态促使风景园林学科必须寻找新的途径来感知和评判设计或规划实践及其背后的价值取向，以实现景观在生态价值、美学价值、社会价值和伦理价值方面的融合。广义的生态主义包含两个范式类别，即以人类中心主义为核心的生态主义与以生态中心主义为核心的生态主义。前者将人类社会的发展寄托在对自然资源的索取与利用上，以改善人类生活环境和满足生产需求为两个优先导向；后者强调赋予自然存在及其生态系统以独立于人类需求的内在价值，着眼于人与自然间的总体平衡关系，主张回归到感悟自然、认识自然、理解自然以及与自然协同演进的过程中去，并将自然的发展视为人类发展的前提，旨在探求如何实现人与自然景观及现代化进程分裂后的重新统一，进而推动景观规划由消费设计向生态设计以及可持续性设计的转变。

不可否认，作为 21 世纪有关人地间冲突关系调和的核心概念之一，生态系统服务概念及其与之相关的研究结论和实践等对警醒人类认识到有关自然资源的有限性以及某些生态系统服务的非可替代性、非可恢复性方面发挥了极其重要的作用，并进而对人类突破狭隘和短视的功利主义观念、摆脱征服与被动接受式的自然观以及提升决策者、设计师和民众的环境保护意识具有非常积极的推动作用。但与此同时，正如环境经济学所谓"自然资源和生态系统服务均具有经济价值，而评估环境的经济价值是其一个重大课题"[8]，生态系统服务的概念从意识萌芽到理论发展、从内涵养成到实践应用，无不散发着将自然资源价格化、生态功能商品化以及生态系统服务市场化的浓浓味道。换言之，生态系统服务概念是在市场以及人视角下对自然资源以及生态功能等生态系统服务的价值性衡量，其核心思维模式本身是一种以人类为中心的价值观。而从当前不断严峻的环境问题来看，人本中心主义或人类中心主义的意识形态和思维定式是导致生态环境遭受破坏的直接根源，正是这种自然可以为人随意支配、人对自然的绝对统治的观念，造成了生态危机问题的不断恶化。

本书对生态系统服务概念鲜明的人本主义以及自然服务市场化理念提出批判，主张可持续的景观规划理论应是一种道德理论，有必要在人与自然之间建立超越物质联系的道德关系，并借助道德的力量来约束和规范人类行为及与自然生态协同演进的过程。"沐浴万物之光，尊自然为汝师"[9]，景观规划关注的对象应从单纯的人与人、人与自然的关系向人与其他生命体及无机环境的关系拓展；景观规划依赖的学科应从规划学、美学和基础生态学等向包括生态正义、生态伦理学、生态美学等知识的方向延展，可持续的景观规划需要以人与自然是生命共同体、人类反哺自然即"服务生态系统"

的伦理高度为根本着力点，提出可持续的景观规划方法与理论体系。

1.1.3 学科与基础理论发展需求的响应

一方面，正视景观规划与生态主义思想的辩证关系不但是促进风景园林学科走向科学生态途径的基础与前提，同时在强化人与自然间情感连接、树立正确自然观进而影响现代风景园林学科价值生态伦理化等方面都能够发挥重要引领作用。另一方面，自然是具有相对独立性与自主性的生态系统，可持续发展旨在凸显其存续与演替利益需求，这对自然生态系统及生存于其中的生物和生物群落具有同等重要的意义与价值，不但明晰了特定类群、区域的利益诉求不应以削弱甚至危害其他类群、区域的利益为代价，同时也强调了当代人的需求不该对后代人的生存和发展构成负面影响与危害。同时，可持续的景观规划本质上是在生态设计、生态交互、生态审美等各层面下有关人地关系的建构与处理，生态原理、生态伦理、生态美学是其核心。景观的形态特征、生态特征与其在美学伦理层面涵盖的意义与内涵是风景园林学科需要着重关注的三个方向。

"十三五"规划（2016~2020 年）提出对环境保护的投入预算达 10 万亿元人民币，相当于 2016 年中国国内生产总值（GDP）的 13%，同时其着重强调权力机关应从景观层面指定和实施区域生态系统保护的监管机制，为区域景观生态系统重要生态功能维护划定"生命线"。党的十九大把着力解决突出环境问题、加大生态系统保护力度、改革生态环境监管体制及推进绿色发展作为建设"美丽中国"、加快我国生态文明体制改革的四个基本着力点。我国新时代国土空间规划强调，进入生态文明新时代，国土空间规划的理论、方法和实践均应以顺应新时代发展要求为契机，进行适应性优化。2018 年 3 月 17 日，第十三届全国人民代表大会第一次会议通过了《第十三届全国人民代表大会第一次会议关于国务院机构改革方案的决定》，不但迎来了我国历史上最大的自然资源管理体制变革及自然资源部的诞生，同时对于土地、矿产、湖泊、河流、湿地、森林、草原、海洋等空间资源与生态系统在利用与保护等方面的强力整合、协调与统筹也显示了新时代我国绿色发展政策导向与思维逻辑正在发生明显的转变。

此背景下，与人居环境改善以及人地关系矛盾调和密切相关的城乡规划学科、风景园林学科、生态学学科等势必要进行适时调整。而景观作为人与自然环境进行交互影响的最具广泛性的媒介或界面，风景园林学科涵盖的景观空间设计与景观空间规划的内容与使命有必要更广泛地扩展到更大尺度与更大范围的生态维护与生态系统修复过程中去，尤其在人地关系愈发紧张、环境形势愈发严峻、自然生态系统频遭破坏的背景下，修复或恢复及培育或孵化被破坏景观的弹性及自我更新的能力需要成为可持续景观规划实践的必要主旨与根本导向。同样，风景园林学科包含的景观美学和景观伦理则需要基于景观视觉特征与生态功能耦合统一的视觉生态学原理、面向生态伦理学探寻人与自然的生命共同体深层意义，将道德关怀和平等意识拓展到非人的自然物，将公众的审美趣味与价值取向逐渐由视觉感观引向自然关怀、生态友好及生态探索的新层次。即景观本身也是生态系统的一部分，风景园林学科需要上升到跨越自然科学和社会科学的综合性学科，必然要肩负起保护和恢复生态系统再生能力、保障和调节生态系统能量与物质循环、协调和优化生物与环境关系的重任。

所谓基础研究是纲，应用研究是目，纲举目张方是一个学科欣欣向荣的基本度量。因此，一方面，风景园林学内部理论需要处于不断的进化之中；另一方面，面对当前如此严峻的生态危机，风景园林学有必要从学科自身特点出发，面向景观规划在空间实践、审美情感、美学体验等方面，考虑生态伦理美学、人与自然环境协同演化、环境整体利益转变的必要性，形成具有理论创新和实操价值的理论研究成果，引导风景园林学科由设计走向科学、由科学走向伦理，进而为促进本学科健康发展作出应有的贡献。

1.2 研究目的与意义

1.2.1 研究目的

在区域生态文明建设中，区域景观是最具广泛性的媒介或界面。面向新时代我国国土空间规划的新思路、生态文明建设的新要求，以区域景观营建组织系统中"生态文化建设"的缺位、区域景观空间格局控制中"过程属性"的缺失为问题导向，建立生态的区域景观营建理论与方法是完善我国景观规划理论体系的必然选择。为此，本研究的目的如下。

（1）提出服务生态系统的区域景观营建新理念

对生态系统服务概念鲜明的人本主义思想提出批判，以人类反哺自然的伦理高度为基本切入点，强调生态系统自身发展与演化和人与生态系统彼此作用影响中的固有"过程属性"，提出服务生态系统的区域景观营建理念。

（2）解析区域景观营建的现状问题

系统解析影响区域景观系统发生变化的两个主体——普通市民（公众层）对区域景观的日常性作用、行政部门与规划机构（精英层）对区域景观环境的专业性管控中亟待解决的核心问题，为服务生态系统的区域景观营建理论搭建提供扎实的论证依据。

（3）架构以区域景观生态文化营建和区域景观生态空间格局控制为主旨的双通路式区域景观营建规划组织系统

面向美学与生态长期分离引发的生态破坏问题，将区域景观生态文化的营建纳入传统区域景观营建的内容之中，架构以区域景观生态文化营建和区域景观生态空间格局控制为核心的双通路式区域景观营建规划组织系统。

（4）提出服务生态系统的区域景观生态文化营建策略

针对区域景观营建中生态文化建设长期缺位的问题，以区域亲生命性的景观美学认知培育与区域亲地方性的景观历史线索串联为着力点，提出服务生态系统的区域景观生态文化营建策略。

（5）形成服务生态系统的区域景观空间格局控制方法

针对区域景观空间营建与自然演替进程不协调的问题，将时间的流变因素即生态过程属性纳入区域景观生态空间格局的控制之中，以区域空间—生态二元景观规划的整合、区域景观规划中生态导向型决策框架的构建为依托，形成服务生态系统的区域景观空间格局控制方法。

（6）构建服务生态系统的区域景观营建协同机制

公众属性的"区域景观生态文化营建"与精英属性的"区域景观生态空间控制"是面向区域景观生态系统结构和功能维护与修复的两个核心内容，二者缺一不可，互相促进。面向实现与促成两者间功能协同作用发挥，构建服务生态系统的区域景观营建协同机制。

1.2.2 研究意义

1.2.2.1 研究的理论意义

（1）推动风景园林学科基础理论的应时演进与价值转向

传统风景园林学科基础理论引导下的景观生态设计原则与方法往往以人类中心主义为根本方向，旨在补偿人与自然相互愈发隔离造成的心理与生理虚空。即在人类利益常常优先、人类对自然索取无节制的背景下，景观规划指向的无外乎是情感释放与交流沟通的空间，用以保障和满足社会性秩序、社交以及经济可持续发展的需求。然而，在生态问题越来越严峻的背景下，此种传统的景观规划伦理道德观、价值观、自然观和审美取向均亟待发生根本性的转向。换言之，风景园林学科绝不能是人类经济发展与人向自然索取资源的一件工具，而要面向实现自然物被尊重和自我实现的高层次需求，最终升华成为一种道德理论、一座道德高地、一把协调人类行为与自然生态协同演进的钥匙。即本研究提出的服务生态系统视域下的区域景观营建理论将推动人类中心论模式的景观价值取向向"人类反哺自然—服务生态系统"的更高层次适时修正，有利于促进风景园林学科从设计走向科学，并最终从科学走向伦理。

（2）实现区域景观生态化营建的理论创新

一方面，景观的变化与演化是其永远不变的主题。生态系统恢复过程及漫长的自然演替进程要求景观规划必须接入时间的流变因素，也正是人类活动向自然演替进程嵌入的非耦合性导致了生态系统和生存环境的危机。另一方面，美学与生态这两股孪生势力长期分离甚至站在相悖的情境中是引发生态破坏的真正内因。文化尺度下的伦理与美学是人与自然交互作用下产生的两个主要方向，人对空间以至整个外物理环境的实践与态度的转变根本上有赖于大众审美情趣和思想意识向生态美学与伦理美学的嬗变。研究以对"生态系统服务"所抱守的核心内涵和观念的批判入手，以生态系统与人地关系演进中的"过程固有属性"为切入点，旨在通过"区域景观生态文化的营建"与"区域景观空间格局的控制"以及两者间协同机制的构建来实现区域景观生态化营建的理论创新。

1.2.2.2　研究的现实意义

（1）完善区域景观生态化营建的规划组织系统建设

生态文化建设的缺位是当前区域景观生态化营建中的规划组织系统缺陷。规划主体与行政主体垄断型的精英式区域生态空间管制模式已与新形势下我国对生态文明建设的基本要求不相吻合。构建以"区域景观生态文化营建"和"区域景观生态空间格局控制"为主旨的双通路式区域景观规划组织系统，是从生态文化角度对区域景观规划组织系统内容的补充和完善，有利于推动区域生态文明建设的制度创新。

（2）为区域景观生态化营建提供理论支撑和方法指引

普通民众（公众层）对区域景观的日常性作用、行政部门和规划机构（精英层）对区域景观的专业性管控是影响区域景观系统发生变化、面向区域景观生态系统结构与功能维护与修复的"软体"与"硬件"，二者缺一不可，互相促进。本研究构建的面向公众层的"区域景观生态文化营建"和"面向精英层的区域景观生态空间格局控制"的策略和方法，为区域景观生态化营建提供了理论参考依据和规划方法的指引，对引领区域景观的营建实践真正走向深度生态与伦理生态有积极意义。

1.3　研究概念界定

1.3.1　服务生态系统

《生态系统与人类福祉：综合报告》（*Ecosystems and Human Well-Being: Synthesis*）一书中提出，生态系统服务是人类从自然环境和正常运行的生态系统，如农业生态系统，森林生态系统、草地生态系统和水生生态系统等中自由获得的益处[10]。然而，从

1992 年罗伯特·康世坦（Robert Costanza）首次提出生态系统服务评估框架，到《千年生态系统评估综合报告》（2005 年）与《生物多样性和生态系统经济学报告》（2010 年）[11] 的分别发表，再到几十年来不同国家、地区的学者的相关理论实践探索，生态系统服务的内涵与实践大多指向生态系统利好向人类消费的单一方向流动。另外，生态系统服务的"服务"一词本身即强调人与生态系统交互影响中的主次关系；在当前的生态系统服务研究与实践中，绝大部分研究的是测算、评估、标签、模拟、演绎我们所能够利用与拥有的生态系统服务价值到底几何，呈现的多是攫取者的姿态，反映的往往是经济至上、金融主导、人类需求首位的人本位心态。也正是此种自然可以为人随意支配的固有观念、人对自然绝对统治的优越感促进了人类当前社会结构、生产方式、消费方式的延续与不断深化，进而造成了生态危机问题的不断恶化。

因此，要在面对当前愈发严峻的环境问题时有所作为，就必须破除长期以来形成的固化以及理所当然式的人类中心主义价值取向与态度，以积极与真实的人地平等原则为基础，将包括有机界和无机界的完整外部自然环境作为与人类生存及发展紧密相关的因素来看待，进而达成对人类全面利益要求的维护与自然持续性追求的统一。基于此，本书对生态系统服务固有的观念或理念提出质疑，以促进、维持与修复生态系统健康运行为基本方向，用人反哺生态系统的视角提出了服务生态系统的研究视角的必要性；明确普通市民、行政部门与规划机构是影响区域生态系统发生变化的两类能动主体，服务生态系统是指通过公众属性的区域景观生态文化营建、精英属性的区域景观生态空间控制以及保障两者间协同效应实现的机制建设，自然生态系统从人类区域景观的生态化营建中获得利好的实践过程。

1.3.2 区域景观

一般意义上，区域景观常常指代一定区域内的视觉效果，这种视觉效果是复杂的人类活动与自然过程在大地上的烙印。生态学范畴下，区域景观是由彼此作用的拼块或生态系统组成，并以相似形式重复出现的一个空间异质性区域。而在地理学家看来，某区域内非生物和生物的现象都可以作为区域景观的组成部分[12]。《欧洲景观公约》（*European Landscape Convention*）侧重于人类对客观存在的感观与美学体验，认为区域景观是被人们所感知且能寄托归属感的一个区域的综合，并以自然和（或）人类因素间相互作用的结果与形式为主要特征[13]。人类学将区域人类存续与发展过程中形成的情感交流、生产生活、物质能量供应等关系以及人类和自然过程相互作用与演进过程中有关人地关系、审美表征、地理视野的描述与解释的综合称作区域景观[14]。《中国大百科全书：地理学》则从地理学的视角将区域景观解释为三个方面的内容：

①区域景观是整体性自然区划等级体系中最小一级的自然区，具有空间单位的鲜明属性，是相对一致发生和形态结构统一的区域；②区域景观指地理各要素彼此联系、相互制约，并通过特定规律耦合形成且具有内部相一致特征的整体，是一般的自然综合体；③区域景观是某一区域的综合特征，囊括了文化、自然、经济各方面内容[15]。

综上所述，目前学界对区域景观并没有统一的定义，往往围绕相关研究主旨或实践需求进行针对性的界定。因此，研究在服务生态系统的系统性视阈下，并结合当前我国区域生态文明建设的文化生态与空间生态双导向，将本书中的区域景观界定为广义的区域景观，其不仅指代区域内支撑人地生态关系发生的空间总体，同时也是区域内人地关系生态价值观的总体呈现。

1.3.3　区域景观营建

从生物生态学的角度来看，人类虽然仅是受自然环境影响的一种动物，但其却在动、植物群落与系统中占据有明显的生态优势，并以独特和创造性的方式改造环境、与环境进行交互。需要强调的是，从人类意愿角度来看，这些改造与交互有时是被动回应的，如山火、地震灾害发生时，利益相关者需要立刻予以处置以减少生命财产损失；但更多时候是主观需要的，如依赖伐木开荒来开辟耕地、借由河道整治来灌溉农田、通过自然保护区建设来保护生物群落等。区域景观营建就是人类发挥主观能动性，基于不同目标的达成或成果效益的实现，对（或与）外部环境进行的一种区域性改造（或交互）实践总和。

联合国教科文组织认为，如果不承认人类在塑造区域生态系统过程中所扮演的相应角色，那么对生态系统状态的衡量与判断都将显得缺乏客观性[16]。在不同的历史时期与不同的地理位置，人类对外部自然环境结构与功能产生的影响程度不同：从远古到古代、近代、现代直到现如今，随着人类主观能动能力的不断提升，人类对自然资源的消费能力与日俱增，进而对生态系统正常运行带来的扰动与破坏也越来越大。与此同时，在漫长的人与自然的交互过程中，人对其赖以生存的外部环境的了解与探知也逐渐走向深入，这便意味着人可以透过主观能动性并基于相关的确凿的科学知识对运作尚正常或功能出现紊乱甚至结构已遭破坏的区域生态系统进行维护或修复的介入性干预。本书将此种干预界定为服务生态系统视阈下区域景观的营建。

1.3.4　区域景观营建协同

人与区域自然环境交互的结果通过物质空间演变、文化印记留存、美学伦理传承的形式得以表征。人与生态系统的交互发生在空间、文化两个维度，面向服务生态系统的区域景观营建也应从这两个界面着手展开。即一方面，空间、文化两个类别的区域景观营建显然是需要不同知识、方法、规划组织系统接入的行为实践，势必构成服务生态系统的两个区域景观营建内容；另一方面，空间是文化与伦理印记的最基础性承载实体，而文化却左右着具有主观能动性的人类在看待、改造物质空间中所秉持的美学、情感以及态度，两者互为依托、彼此影响。因此，区域景观营建协同中的"协同"是合作协作与互惠互利之意。协同在此的意义不言而喻：空间、文化两个层面的区域景观营建只有互相协作、互惠互利、彼此促进，才能真正达成服务生态系统的目标。

为与景观精英主义及经济效益至上、取悦大众导向、碎片式或快餐式等单一考量的区域景观规划实践进行根本区分，本书摒弃传统上以区域景观某一特征或品质为侧重进行规划实践的思维，而是以区域景观营建协同来呼应区域景观营建应具备的整体性属性特征。即研究以空间与文化两个方面的内容为基础，以时间维度下过去与现在的过程性与延续性为界面，以人与生态系统在时间维度交互产生的空间演进、文化沉淀、伦理发展等固有属性为依托，用整体的视角提出服务生态系统的区域景观营建协同建设的必要性。

1.4 相关研究进展与评述

1.4.1 生态系统服务相关研究进展

生态系统功能和过程与人类福祉之间的关系过于复杂是导致人类对生态系统认知滞后的重要原因。1992年，为了对人类经济与生态尺度间关系有更直观的理解，罗伯特·康世坦与赫尔曼·达利（Herman Daly）在其合作的文章《自然资本与可持续发展》（*Natural Capital and Sustainable Development*）中根据资本的一般定义将能够提供服务的生态系统统称为自然资本，并同时认识到人类从生态系统中获得收益的前提是人类建立和维持的资本形式（如建造和生产资本、人力资本以及社会或文化资本）与自然资本相互作用[17]。这也就意味着，人类从生态系统中获取的任何形式的收益都是这四种资本类型复杂结合后所得到的结果。因此，对生态系统的理解、模拟、测量及管理无不涉及跨学科知识的整合与方法的构建。

（1）生态系统服务概念的生成与发展

1864年，自然资源保护论者乔治·马什（George Perkins Marsh）观察到地中海地区土壤肥力的变化，认识到人类行为对地球的影响是不可逆转的，对"地球的自然资源是无限的"这种当时主导性的论调提出了质疑[18]。生态系统服务的最原始观念便缘于此。1970年，保罗·埃尔利希（Paul Ehrlich）和罗莎·威格特（Rosa Weigert）在其环境科学教科书《人口、资源、环境：人类生态学的问题》（*Population，Resources，Environment：Issues in Human Ecology*）中呼吁关注生态系统健康，并强调人类自身活动可能破坏人类物种存在所依赖的生态系统 [19]。《增长的极限》（*The Limits to Growth*）一书中提出，人类与人类创造的经济模式属无限制系统，是按照指数模式膨胀的，而我们生存发展所依赖的清洁淡水、化石燃料以及生物材料等地球资源却是有限的，是按照算术方式增加或减少的 [20]。该论著首次从资源有限性的角度对人类非可持续的经济发展模式与环境资源利用方式敲响了警钟。紧接着，1973 年，德国统计学家和经济学家恩斯特·弗里德里希·舒马赫（Ernst Friedrich Schumacher）在其著作《小即是美》（*Small Is Beautiful*）中首次提出了自然资本（Natural Capital）的概念 [21]。自然资本与同时期的环境服务、自然服务等概念的提出标志着生态系统服务内涵雏形的产生。术语"自然的服务"（Nature's Services）是生态系统服务概念的同义术语。1977 年，其首次出现在沃尔特·韦斯特曼（Walter Westman）发表于《科学》（*Science*）期刊的文章《自然的服务价值几何？》（*How Much Are Nature's Services Worth?*）中 [22]。

术语"生态系统服务"的第一次出现则是在四年后（1981 年），斯坦福大学教授、美国著名生物学家保罗·R. 埃利希（Paul R. Ehrlich）与安妮·H. 埃利希（Anne H. Ehrlich）的《灭绝：物种消失的成因与后果》（*Extinction：the Causes and Consequences of the Disappearance of Species*）一书中 [23]。1983 年，保罗·R. 埃利希与哈罗德·A. 穆尼（Harold A. Mooney）在《灭绝，替代与生态系统服务》（*Extinction，Substitution，and Ecosystem Services*）一文中又对生态系统服务作了较系统的论述 [24]。1987 年，世界环境与发展委员会（World Commission on Environment and Development）发表报告《我们共同的未来》（*Brundtland Report or Our Common Future*），集中分析了全球能源、人类生产生活、工业农业发展、物种遗传等发展面临的严峻挑战，正式提出了可持续发展的理念，同时为正确处理人与自然之间的关系提供了科学性指引与参考 [25]。而生态系统服务开始被广泛认识则要追溯到 1997 年格蕾琴·察拉·戴利（Gretchen Cara Daily）编著的《自然的服务：社会对自然生态系统的依赖》（*Nature's Services：Societal Dependence on Natural Ecosystems*）一书的出版 [26]，以及罗伯特·康世坦等撰写的《世界生态系统服务和自然资本的价值》（*The Value of the World's Ecosystem Services and Natural Capital*）一文在国际顶级期刊《自然》（*Nature*）上的发表 [27]。格蕾琴·察拉·戴利的论著不仅涵盖了有关生态系统服务的概念生成、历史发展、经济估值，而且对气候、生物多样性、某些特定生物群落以及海洋、淡水、森林、草原、湿地等服务类别都作了相关论述。

21 世纪初，联合国国际合作计划"千年生态系统评估"（Millennium Ecosystem

Assessment）是将生态系统服务概念推向标准化、全球化以及研究密集化的标志性事件。生态系统服务概念与内涵的发展以及与其相关理论实践探索在提高对自然系统本身，尤其是自然系统对人类重要性的认知方面发挥了重要作用。而从 20 世纪 90 年代以来，生态系统服务的概念开始将生态系统与人类社会经济系统更进一步紧密联系在了一起。此后，与生态系统服务概念相关的各类研究日渐增多，并于 2012 年直接促成了 SCI 检索源期刊《生态系统服务》（*Ecosystem Services*）的创刊。

（2）生态系统服务涵盖的四个类别

人类从各种生态系统，如水生生态、森林生态、自然生态、城市生态、农业生态、草原生态等系统中以多种方式受益。总的来说，人类从生态系统功能与过程中直接或间接获取的这些利好被称作生态系统为人类提供的生态系统服务。千百年来，局地、流域、国家、区域等不同尺度下的人地文化互动、人与自然之间关系的理解与传承都会或多或少地涉及生态系统服务所涵盖的内涵。2001 年，以世界环境日（6 月 5 日）为契机，联合国环境规划署（United Nations Environment Programme，UNEP）、世界银行（World Bank）、世界卫生组织（World Health Organization，WHO）等国际机构共同发起"千年生态系统评估"国际合作项目，旨在促进对全球生态系统网络的进一步了解，推动对其的可持续性利用与保护，以及为后续所需采取的行动奠定科学基础。2005 年 3 月 30 日，联合国在华盛顿、东京、伦敦、北京、埃及等全球 8 个城市同步发布了由来自 95 个国家、1360 位专家共同合作完成的《千年生态系统评估综合报告》，首次将生态系统服务统一归纳为四个大的类别：支持服务、供给服务、调解服务与文化服务。近年来，从综合评估生态系统服务、生态系统服务可持续性管理以及促进生态系统服务科研成果应用等角度出发的各类型国际合作项目相继启动，如"生态系统服务合作伙伴"（Ecosystem Services Partnership）、"生物多样性和生态服务跨政府间科学政策平台"（the Intergovernmental Science-policy Platform on Biodiversity and Ecosystem Services，IBPES）、"生态服务—未来地球"（ecoSERVICES-Future Earth）、"地球观测生物多样性观察网络组"（The Group on Earth Observations Biodiversity Observation Network，GEOBON）、"生态系统和生物多样性经济学"（The Economics of Ecosystems and Biodiversity，TEEB）等。

供给服务指人类从生态系统获取的各种产品或资源，包括燃料、纤维、食物、生物化学物质等 7 个类别。供给服务通常可通过粮食、肉类和木材等的产量等指标来进行量化。此外，生产力也被用来反映某些供给服务的供应情况，如地下水补给与年度生物质再生等[28]。调节服务是人类从生态系统调节作用当中获得的收益与利好，包括水分调节、空气质量调节、气候调节、净化水质与处理废弃物等 9 类功能。当前调节服务研究与实践主要和防御服务，如洪水调控、侵蚀控制、空气净化、气候调节等内容相关。而在一些防御服务分析中，防御能力往往被用作相关指标之一进行相应评价，如植被和土壤在洪涝灾害发生时的保水能力或城市树木清除空气中有害物质的能力。支持服务指其他生态系统服务的生产所必需的那些服务，包括土壤形成、光合作用、初级生产、养分循环与水循环 5 个过程。支持服务经常以动物的种类和植物的数量来量化表征，如具有授粉能力的蜜蜂的数量及与生物多样性相关的物种的种类均是非常重要且常见的生态系统状态衡量指标。文化服务指通过思考、消遣、发展认知、精神满足和美感体验，人类从生态系统中获得的非物质性利益，涵盖知识系统、美感与灵感、文化多样性、精神与宗教价值等 10 个方面的内容。相较于上述三种生态系统服务，文化服务不但涵盖极为广泛且具有相对抽象的特质，而且选取既贴近生活又相对容易全面表达其特征的指标或指标集合，往往显得非常困难与棘手。当前出现频率较高的有使用者到达户外休闲区的时长、城市文化设施可达性、公众消遣活动偏好等 [29]。而从资本相互作用的角度来看，四种类型的服务均是生态系统服务与建造、人力以及社会资本相结合而产出的人类所需求的产品。以供给服务为例，鱼从水中到餐桌分别经历了渔船（建造资本）、渔民（人力资本）并最终通过社会组织（社会资本）内部的调配关系送达消费者手中，各阶段涉及的资本类型不但缺一不可，不同情境背景下也反映出其内部特定的资本耦合关系与模式特征。

（3）传统的生态系统服务评估方法

罗伯特·康世坦等将传统的生态系统服务经济评价方法分为两个类别：可见性偏好（Revealed preference）与意向（陈述）性偏好（Stated preference）[30]。两种方法都涉及利用复杂的统计学方法来输出最后的评估价值。可见性偏好的类别首先分析个体在现实环境中的选择，进而利用观察到的选择集合来推断相关价值。此类别下的方法包括生产导向型评估法、重置成本法、享乐或影子定价法等。学者保罗·C. 萨顿（Paul C. Sutton）与夏洛林·J. 安德森（Sharolyn J. Anderson）利用可见性偏好的方法将纽约中央公园作为绿色基础设施自然资本进行评估，得出其对纽约市的年生态系统服务价值最少应为 250 亿美元 [31]。意向性偏好的类别依赖于个人对假设情景的回应，开展模式常见于意愿调查价值评估法与结构性选择实验的结合运用。此种方法要求访问者与受访者间有积极的沟通与交流，在能够保证受访者明确知悉什么是生态系统改善以及此项生态系统改善后产出的生态系统服务到底是什么的情况下方可实际开展相应的意向调查。而在如联合分析的选择实验阶段，需要向受访人呈现能够代表生态系统服务与货币成本不同组合方式的情景类型，通过析出受访人最喜欢的组合模式，进而推断与判别相应生态系统服务的价值。

（4）我国的生态系统服务评估内容

分别于 2005 年和 2010 年发布的《千年生态系统评估综合报告》与《生物多样性和生态系统经济学报告》将不同国家有关生态系统服务的研究推向高潮，我国也不例外。以生态系统服务为导向的研究是过去几十年来我国发展最快的研究领域之一。同样在 1997 年，"生态系统服务" 一词通过上述的罗伯特·康世坦等的论文被翻译引入我国。我国有关生态系统服务研究的文献主要关注四个方面的内容：货币估价、政策评价、定量评估、定性评估。

货币估价主要涉及两种方法的应用，即单位价值法与原始数据法。单位价值法的实践应用始于罗伯特·康世坦等的研究，其首次在全球尺度建立了有关 16 个生物群落和 17 种生态系统服务的评估框架。2000 年，中国科学院张新时院士等在期刊《科学通报》（*Science Bulletin*）上发表了有关我国生态系统服务研究的第一篇英文科技论文，借鉴罗伯特·康世坦论文中的分类方法与经济参数，基于中国全域植被图，对我国陆地、森林、湿地、草地、海岸等 12 个不同类型的生态系统功能进行了分析，并对其服务价值作了相应的保守估计[32]。2003 年，中国科学院谢高地研究团队在评估青藏高原生态资产实践中，通过专家访谈的方式对我国不同类型生态系统服务单位价值指数作了进一步修正，基于国家自然资源地图，建立了包括 6 种生态系统类型在内的有关 9 个类别生态系统服务的第二个国家尺度的评估框架[33]。2012 年，王如松院士团队基于国家土地利用分类标准与实证研究所得相关参数，针对 8 种生态系统形式、10 个类别的生态系统服务，进行了中国陆地生态系统服务货币评估实践，同时也发展并建立了我国国家层面的第三个生态系统服务评估框架[34]。其他利用货币估价方法进行的研究包括：傅伯杰院士团队在黄土高原尺度运用遥感与生态系统模拟技术进行的退耕还林生态系统碳封存功能与服务分析[35]；张文婷等在省会城市尺度对基于马尔可夫模型（Markov model）的土地利用生态系统服务价值预测方法作了对比[36]；王水献等在盆地尺度对土地退化、植被退化、水生环境恶化所带来的生态系统服务价值消减作了大概的计算与评估[37] 等。1999 年，由中国科学院欧阳志云研究员牵头的研究组在《生态学报》杂志发表了国内首篇有关生态系统服务的科技论文，在阐述生态系统服务内涵的基础上，首次运用原始数据法对中国陆地生态系统服务功能及其生态经济价值进行了初步的论述[38]。原始数据法的应用主要分为两个方面的内容：基于一系列生态系统模型对生态系统服务所依赖的生态系统过程与功能进行量化，以及应用经济评估技术对生态系统功能的相应生态系统服务进行估值。2001 年，出现了我国应用原始数据法对生态系统服务进行实证研究的首次尝试。郭中伟等以湖北省兴山县森林生态系统为研究对象，应用水源保护模型、土壤保护模型、光合作用方程对森林生态系统在水源保护、水土保持、气体调节等方面的功能进行量化，并同时借助市场价值法、重置成本法、碳税法、旅行成本法等对相应生态系统的经济价值进行了计算[39]。其后的研究表明，原始数据法不仅适用于以土地使用或土地使用变更为研究对象的生态系统服务评估，同时也适用于农业、草地、海滨等特定的生态系统[40]。基于统计与计算技术，定量评估包括关于生态系统服务的各类型实证调查，如对净初级生产力进行评估的 CASA（Carnegie-Ames-Stanford Approach）模型[41]、对水土保持作用进行评估的通用土壤流失方程（Universal Soil Loss Equation，USLE）[42]、对碳封存能力进行评估的反硝化分解积淀（DeNitrification-DeComposition，DNDC）模型[43] 以及对生态系统服务和交易进行综合评估的 InVEST（Integrated Valuation of Ecosystem Services and Trade-offs）模型[44]。与我国生态系统服务政策评估相关的运行机制包括国家森林生态补偿基金制度、国家生态系统服务支付计划（天然林资源保护工程与退耕还林工程）、国家生态红线政策（耕地红线与水资源红线）与湿地保护政策。其中，退耕还林工程作为世界上最大的生态系统支付实践，与其相关的实施经验介绍与有效性评估[45]、土地利用性质变更对碳封存的影响[46] 等都引起了相当多的关注。定性研究是对生态系统服务认知水平或情况进行的相应评价，相关实践如泰里·阿伦多夫（Teri Allendorf）与杨建美探索了生态系统服务在云南省高黎贡山自然保护区与当地居民关系间所发挥的作用[47]；佩特拉·林德曼·马提斯（Petra Lindemann-Matthies）等调查了中国城市居民、环境科学专业在读学生、森林游客、农民四种不同群体对森林生物多样性以及其提供的生态系统服务的认知程度与偏好[48]；潘媛等分析了山东省城市与农村社区对其居住地淡水生态系统服务的利用情况与可持续性保护意识[49] 等。

1.4.2 文化生态系统服务的相关研究进展

世界瞬息万变，包括生态系统恢复力到底几何在内的诸多难题都没有相应的答案。而日复一日，无数以发展与保护为名的行为却在不断损伤着生态系统的可持续运作功能与效能。联合国教科文组织及塞尔吉奥·格瓦拉（Sergio Guevara）等学者认为，如果人类继续忽视或不承认自身在塑造生态系统中所发挥的作用，那么我们不可能对生态系统进行全面或全局的思考[16, 50]。同样，人在针对自然的偏好性感知中界定了景观，景观实践必然对生态系统功能带来一定影响，历史生态学在分析此类问题时也总是将人与自然在此中的协同进化关系作为前提。克劳迪娅·康贝蒂（Claudia Comberti）等学者对实质包含文化生态系统服务类别在内的生态系统服务整体架构作了尝试性的探讨与解析：生态系统以及与其所提供的服务构成的完整性是人与环境通过互动和交流形成的功能性特征，不但包括物质的方面，同时也包括非物质的方面；不仅是生态系统利好向人类单一方向的流动，而且具有人类在互动过程中表现的理性与友善来维持或强化生态系统的功能过程[51]。

文化生态系统服务能够与其他类别生态系统服务区分的关键特征在于其产出过程中对社会因素所依赖的程度。珍妮特·斯蒂芬森（Janet Stephenson）在其文章《文化价值模型：景观价值的综合方法》(*The Cultural Values Model：An Integrated Approach to Values in Landscapes*) 中强调，社会元素（无论其是关系性的还是实践性的，或者两者均涉及）是文化价值产生的必不可少要素[52]。上述观点的立论基础被莱昂·C. 布拉特（Leon C. Braat）与鲁道夫·格罗特（Rudolf de Groot）基础化为"文化生态系统服务是人通过感官与大脑对来自生物物理环境中信息进行加工处理的结果"[53]。其后，索菲·布切尔（Sophie Buchel）与罗伯特·菲什（Robert Fish）将这种认识进一步丰富化为"文化生态系统服务并未来源于生态系统本身，而是依赖于人对生态系统的感知而发生并存在"[54]；文化生态系统服务不是自然界本就存在的先天产物，而是人通过与生态系统的相互作用进而积极创造并表达的关系、过程或实体[55]。与此同时，劳伦斯·琼斯（Laurence Jones）等认为，与供给和调节服务也涉及一定的人力资本的投入相比，文化生态系统服务强调人与环境互动关系的深程度性与高复杂性[56]。也就是说，文化生态系统服务始于人与环境的交互影响，但在之后以人类思考为工具的不断加工与升华下产出具有鲜明文化特征的精神类产品或输出，与生态系统供给或调解服务中货币、劳动力或其他类别投入存在明显的区别。

（1）文化生态系统服务地位论

几十年研究实践过后，生态系统服务的内涵与所指早已逾越了最初仅仅作为人类依赖自然的一种比喻性描述，并成为与包括科学、政策、管理在内的诸多领域进行深度整合后的主流发展范式或模式。然而，由于其具有难以用经济手段加以评估的特殊属性，相比于自然系统提供的实实在在的能被测量的、量化的物质性利好，作为生态系统服务重要组成部分的非物质类别——文化生态系统服务则常常被选择性忽略或边缘化。同时，文化生态系统服务中的"文化"常常仅被用来意指生态系统中那些非物质或无形的属性与类别，大大狭隘化了其在人与环境交互作用中所应该承担的指向与解释角色。这也是时至今日为何经济学家与生态学家依然在生态系统服务研究中居于主导地位的主因。

社会认知领域的学者特雷·萨特菲尔德（Terre Satterfield）等认为，文化生态系统服务的重要性大于或者至少应该相当于生态系统调节服务与生态系统供给服务。而从直接感知与直觉欣赏的角度来说，生态系统文化服务类别和生态系统服务供给类别一样与人类福祉保持了最紧密的联系，显示了通过其传递生态系统保护重要性的认知的

无限潜力与可能 [57]。在人类感知视角下，与人类关系最密切的生态系统整体或部分通常被称作景观。而针对景观来说，无论在积极保护还是在消极损伤层面，与景观相关且具有最强说服力的争论往往与景观对人类而言所具有的精神与宗教意义、其在社会与文化认同中所发挥的作用以及娱乐消遣与休闲体验等功能紧密相关。所以，增强对文化生态系统服务方面的关注不仅能够提高对其评估的文化敏感性，而且通过更好地理解其与各利益相关者之间的关系也使得制定合理并有效的干预措施成为可能。因此，如若生态系统服务评估框架中没有文化生态系统服务类别包含在内，那么基于其制定的政策计划或采取的相应行动便会有实施无效的风险或更甚导致适得其反的后果。特里·C. 丹尼尔（Terry C. Daniel）等总结道：在一定程度上，将社会文化方面的价值考量嵌入文化生态系统服务是相关自然环境保护策略成功实施或以失败收尾的决定性因素 [58]。

（2）文化生态系统服务研究困局

学者蕾切尔·K. 古尔德（Rachelle K. Gould）等近年来积极致力于提升并强化文化生态系统服务类别在生态系统服务评估方法中的存在与应用。其内涵特征主要表现为两个方面的内容：一方面，文化生态系统服务概念的发展强调自然环境是人类获得娱乐、美学、灵感等体验的源泉；另一方面，人类能够通过与自然的积极互动来获取对身心健康有益的利好 [59]。这样的观点或主张往往将自然环境理想化为空灵寂静的荒野，或当作逃离、区隔于城市的精神疗养乐园。但遗憾的是，着眼于人与生态系统间互惠、互助关系建立（培育）的模式（机制）建设仍十分匮乏，相关研究也依然局限于生态系统能为我们提供的单一方向。2009 年初至 2011 年 6 月，参照"千年生态系统评估"模式，英国完成了其首个国家层面的生态系统评估（UK National Ecosystem Assessment），并在改善文化生态系统服务类别评估方法方面作了探索，但其依然未能摆脱利用经济学评价手段进行量化与评估的传统模式。

（3）文化生态系统服务评估替代方法进展

尽管当前关于如何测量文化生态系统服务还没有结论性的定义存在，但这并不阻碍众多定量或定性方法的出现与应用尝试。在此要强调的是，区别于传统的经济评估法，一些替代性的如基于沟通与讨论的协商技术法与借助仪器进行的价值评级、价值排序和价值空间识别法等已不断开展。例如，卡雷纳·范里佩尔（Carena J. Van Riper）等的实践结果显示，公众参与式的地理信息系统在捕获场所价值方面成效显著 [60]；迈克·克里斯蒂（Mike Christie）等则基于焦点小组与公民陪审团的方法来获得关于人与环境的多维度的关系模式 [61]。上述两种方法的共同点在于其给予参与者更多的时间来思考他们如何或为何评价生态系统服务，这在商品或劳务价值难以清晰描述的情况下显得尤其有用。其他研究包括克里斯蒂娜·贝尔特拉姆（Christine Bertram）与卡特林·雷丹兹（Katrin Rehdanz）在柏林、斯德哥尔摩、鹿特丹等欧洲城市进行的公园文化生态系统服务市民感知调查[62]；克劳迪娅·比林（Claudia Bieling）在德国西南部施瓦本阿尔比生物圈保护区通过访谈以识别文化生态系统服务为导向的质性分析[63]；蕾切尔·K. 古尔德等在英属哥伦比亚与夏威夷进行的非物质价值定性访谈[59]。2013 年，莫妮卡·埃尔南德斯—莫尔西略（Mónica Hernández-Morcillo）等通过对过往 40 个实证研究中涉及的指标质量与状态进行分析后发现，关于文化生态系统服务的测量与评价中并不存在统一的方法。但是，从数据获取角度来看，定量数据收集与定性数据收集两种类型实证研究的数量在总数中所占比例相差无几，而且两者中均有超过一半是通过观察、实地调研以及与利益相关者访谈的方式来获取初始数据[64]。许多研究也利用归纳的方法来对文化生态系统服务进行测量。蕾切尔·K. 古尔德等设计的调查问卷强调应答驱动的原则：访谈中并不预先将所有访谈问题设计完备，而是鼓励受访者积极与访谈人沟通来尽力揭示与主题相关的细节，用自己的语言来表述看法并传达相应重要性程度，这种方式有效地提高了数据的客观性[59]。但包括迈克尔·普罗珀（Michael Pröpper）等在内的学者也强调，大多数文化生态系统服务价值评估依赖于特定时间、特定环境下受访者的言语表达，但环境以及环境如何被感知则具有随时间不断变化的属性。此外，人的动机与决定是多种持有值共同作用的结果。详细来说，人们在脑海中通常按照重要性程度将不同持有值组织成一个既定的层次结构，然后在特定环境背景下接受刺激后利用这个层次结构进行即时权衡并作出自认为最优的决策或解释。所以受访者的言谈举止很少是单一持有价值的表现形式。此外，即使假设或认为群体受访者针对某物或某事件的持有值趋向于一定的稳定性，但也不能排除个别受访者为了因应环境因素变化或重大生活事件而对相应持有值判别作出暂时或永久性的调整或更改。其他个人特征，如年龄、收入、性别以至对访谈涉及事项的了解程度也都可能是重要的影响因素。针对以上难点，迈克尔·普罗珀等提出，长期跟踪、走访受访者能够较好地保证获取信息的真实代表性，有效避免"快照"式调查所隐含的诸多信息陷阱[65]。但不可否认，长期的跟踪、走访必然会涉及更多的时间与成本投入，这往往会影响到其最终能否被采用或贯彻到底。

（4）文化生态系统服务评估中的值特征

"值"在不同学科中指代不同的含义。日常用语中，值被用来描述物品的价值、对价值的看法或道德原则等。同时，值也可以用来衡量一件物品、一份经验的重要性或指代潜在的理想与抱负。所以，值可以是持有的属性，也可以是指定的属性。对某个个体来说，持有值赋予了物品对其的吸引力与重要性。肯·J. 华莱士（Ken J.

Wallace）等引用了米尔顿·罗克奇（Milton Rokeach）在《人类价值观的本质》（*The Nature of Human Values*）一书中关于持有值的定义：持有值是支撑人类福祉所需的、个人与社会所偏好的存在的特定最终状态 [66]。持有值支持人们如何对其周围环境、意识决定以及行为反应作出解释。罗伯特·菲什等发现，因为持有值能够对人与环境的相互作用以及人在环境中的经历产生影响，持有值在文化生态系统服务中发挥着重要作用 [55]。指定值指某物对个体或群体在特定背景下所具有的价值与重要性的衡量。指定值正是诸多背景条件下生成的生态系统服务概念中所指的值。例如，通过生态系统服务中经常用到的"级联模型"可以发现，从生态系统中获取的利好从来都不是固定值，其在相同的背景下被不同的人评估或在不同的背景下被相同的人评估，都可能是差异性非常明显的值或结果 [67]。同时，指定值也是人们在赋予特定场所意义或价值时所表达的值，与规划实践的联系最紧密或相关。值得强调的是，生态系统服务与上述谈到的"值"间并不可以画等号，即生态系统服务是人类从生态系统中获取的利好，而"值"是反映这些利好的重要性的属性特征。当多个单一的服务同时作用生成多个关联的值时，两者之间的差异最为明显。例如，克里斯蒂娜·C. 希克斯（Christina C. Hicks）等在对西印度洋渔业工人的研究中发现，从消遣与娱乐的角度看，有多个持有值如自我引导、刺激反应、享乐主义等与单一的生态系统服务有关联 [68]。大卫·J. 艾布森（David J. Abson）与梅特·特曼森（Mette Termansen）认为，文化生态系统服务如美感、灵感、精神以及场所感等都属于概念性的、第一阶的持有值。因为具有非物质性、非消耗性的特征属性的文化生态系统服务对人们来说很难进行价值分配或指定。相比之下，第二阶指定值是第一阶持有值的表现形式，通常是人们能够以经济方式进行赋值或进行交易的商品或服务，更适合用来描述供给与调节类别的生态系统服务 [69]。

（5）文化生态系统服务发生的场所依赖属性

场所的紧密关联性是文化生态系统服务区别于其他生态系统服务类别的另一显著特征。例如，J. 大卫·艾伦（J. David Allan）等发现，文化生态系统服务具有更明显的空间聚合特征与聚集分布属性，特定的区位是多元文化生态系统服务生成的重要源泉或影响要素 [70]。其他研究也证实，当人们在阐述非物质性价值时，往往使用复杂的、独特的、具有特定场所感的措辞，与文化生态系统服务相关的指定值也呈现出相当的特定场所指向与集聚化现象，即使在相似的地理区域也不可能作出相似的归纳与概括 [71]。此外，在一些对文化生态系统服务进行归类的解释中，场所特征居于主导性地位。英国国家生态系统评估（UK National Ecosystem Assessment）与欧洲环境署对（European Environment Agency）生态系统服务的国际分类（Common International Classification of Ecosystem Services，CICES）认为物理环境影响人的身体与心理状态，并着重强调了场所在其中所扮演的重要角色 [72-73]。此外，彼得·F. 卡纳沃（Peter F. Cannavo）也强调，场所为使用者提供了活动、交流或彼此影响的环境，促成了个人体验或经验的生成 [74]。事实上，这个前提重新凸显了人类感知在文化生态系统服务生成与评价中的重要性。文化生态系统服务是人与环境共同创造或交互影响的结果，因为不同场所会促发体验者独特的体验与感受，所以文化生态系统服务不具有在其他地方进行复制的可能。

（6）我国文化生态系统服务研究进展

近十年来，我国学者对文化生态系统服务的研究主要集中于综述分析、绩效与价值评估以及意愿测评三个方面。

在综述分析方面，北京大学董连耕等评述了国内外文化生态系统服务在评价指标、研究尺度、研究方法、决策与管理等方面的研究进展，强调加强服务间相互作用分析、推动参与式制图方法、完善研究框架是其未来研究的三个重要方向 [75]；中国矿业大学戴培超等基于"Web of Science"核心合集数据库，对文化生态系统服务研究的时段特征、发展趋势、机构分布等进行了统计分析，指出其未来研究侧重点将主要集中在文化生态系统服务的游憩功能和美学功能评价、价值货币化评估、指标体系构建等六个大的方面 [76]；北京林业大学徐亚丹等对文化生态系统服务相关研究内容和研究方法进行了整理，认为改进货币化核算方法、完善理论基础和研究框架、推动空间映射制图及研究由静态向动态转变等是文化生态系统服务未来的研究方向 [77]。

在绩效与价值评估方面，北京林业大学李想等基于市民认知和支付意愿，借由旅行成本法和条件价值评估法相结合的手段，对北京市公共绿地、公园绿地、社区绿地的文化生态系统服务价值进行了定量评估 [78]；上海海洋大学李晟等将上海市淀山湖水源保护区养殖池塘的文化价值分为游憩价值和存在价值，分别以条件价值评估法和旅游成本法对其进行了价值估算，计算出了养殖池塘总的文化生态系统服务价值 [79]；浙江大学霍思高借由专家调查法与生态系统服务的社会价值模型的应用，对浙江省武义县南部生态公园文化生态系统服务价值进行了评估，提出了适用于规划应用的文化服务价值评估方法 [80]；同济大学彭婉婷等采用问卷、结构式访谈并结合参与式制图的方法，定量评价了上海共青森林公园的文化生态系统服务价值及其空间分布特征，探索了基于文化生态系统服务评估的城市保护地优先保护地域划分及其规划管理方法 [81]。

在意愿测评方面，西南交通大学杨青娟等以不同类型的雨洪管理景观要素为例，以人的主观感知为测度，探究了"重要性—满意度"分析方法在景观设计管理决策优化和文化生态系统服务评价中的实用性 [82]；上海海洋大学范晓赟等借由 Tobit 模型及多元 Logit 模型的方法，对上海奉贤、嘉定、青浦地区养殖池塘的文化生态系统服务支付意愿和受偿意愿进行了分析，析出了影响二者价值差异的主要因素集合 [83]。

1.4.3 景观服务相关研究进展

（1）景观服务概念产生的景观视角需求

一方面，在发达国家尤其是高度城市化或农业现代化不断深化的地区，人们愈发要求高质量的景观存在。以荷兰为例，居民和团体对农业用地从单一食物生产向多功能转变的呼声不断升高[84]。另一方面，包括邬建国等在内的学者却在担忧，作为景观可持续发展的科学依据，景观生态学在为可持续景观协同规划提供知识支持的进程中发展滞后。首先，景观生态学长期关注的是空间格局与生态过程之间的关系，而并没有明确地考虑估值的问题。这在很大程度上是因为景观生态学并不把人作为景观的一部分来看待，或者仅将其作为导致景观发生变化的因素之一而已。与此相反，传统的景观发展则一直视人为其核心要素或景观发展终极受益者，与景观生态学所秉持的相应价值取向相去甚远[85]。其次，关于景观变化的决策通常是包括评估、目标设定、策略界定、设计规划、实施、监控以及再评估七个阶段在内的循环回路。但凯瑟琳娜·赫尔明（Katharina Helming）等通过文献综述发现，景观生态学涵盖的可持续发展主要注重于对有关景观格局或景观性能政策措施开展有效性的评估研究[86]，而很少为有地域利益相关者参与的设计驱动协同规划决策提供支撑。其中，评估研究在解决结构性问题方面显现出两个特征：其一，价值与目标先于政策被定义，所以有关其确定的协商过程并未包括在研究中；其二，评估的程序是一个线性的过程，需要利用一连串的规则与指标来衡量政策目标是否达成的进展情况。此外，大多数评估研究基于大型数据库为国家与国际政策制定提供支撑，大卫·布伦克霍斯特（David Brunckhorst）等认为，这样的尺度并不适合土地使用规划或管理中的公民参与[87]。在评估工具方面，其以专家开发的严格可复制的方法为基础生成，但弊端是仅适合用来回答问题，在以由下至上共同审议为特点的协同规划中发挥的作用非常有限。克里斯托弗·J. A. 麦克劳德（Christopher J. A. Macleod）等认为，审议的核心基础是有多方利益相关者参与的讨论与反思，这尤其能够加深人们对如可持续景观发展等复杂结构性问题的理解[88]。在这种背景下，生态知识通常显得太死板或规范，并不适用于协同景观规划。据以上分析：其一，景观功能是景观生态学中"格局—过程"范式的组成部分，但从价值的角度来看，其也可以看作人赋予景观的相应属性。换句话说，把价值感知纳入景观生态学传统"格局—过程"范式的实践将使其生态物理结构和人类功能价值需求进行有效连接。其二，协同景观发展要求借助科学的方法允许各阶层利益相关者参与到有关景观发展目标和愿景拟定的商议框架中来，进而促成景观发生向要求价值供给方向发展的结构调整。当然，为了应对这些挑战，不但需要跨学科合作，而且在评估技术方面也要求经济学、心理学、社会学等方法与自然科学范畴下的生态"格局—过程"知识进行合理整合。

（2）景观服务概念产生的生态系统服务视角需求

一直以来，景观价值的定义主要分为两个类别：伯努瓦·若班（Benoît Jobin）等基于自然保护价值对景观进行了环境物理性定义[89]，而珍妮特·斯蒂芬森等则将景观看作一种文化或美学现象[52]。若兰德·W.特莫斯水曾（Jolande W. Termorshuizen）对这两种看法进行了整合，认为景观是具有显著空间特征的"人—生态"系统，利益相关者借由经济、社会文化、生态等原因对其功能属性进行价值感知或评价[90]。这种观点表明，景观物理结构集合是其自然过程与人类行为发生的基础，而景观的功能运行是这些结构间相互作用的结果。厄詹·博丁（Örjan Bodin）等对景观的理解则更为概括：景观是复杂的社会生态系统，是人类与自然相互作用的结果和媒介[91]。格蕾琴·察拉·戴利等认为，服务是货物与劳务的简称，同时也是人类存在并发展的必要条件[26]。在景观的尺度，景观功能不依附于人的存在而存在，但会因为人对景观的利用与估价而促成服务的产生。例如，植物根系与土壤生物群落对保持土壤的功能属性自始有之，但由于人对其在防治土壤侵蚀方面的重视，进而赋予其"服务"人类的属性特征。所以，若兰德·W.特莫斯水曾认为，术语"景观服务"似乎可以在概念的层面较好地将景观生态的知识引入协同景观规划领域[90]。

（3）景观服务概念的内涵

生态系统包括生物彼此之间以及其与无机环境间的约束或依赖关系结构。海因茨·艾伦伯格（Heinz Ellenberg）则将生态系统形容为栖息地与生物群落因长期相互作用而形成的复杂关系集合[92]。而对于"景观"这一术语，2012年马库斯·莱贝纳特（Markus Leibenath）与路德格·盖林（Ludger Gailing）提出用四个方面来对其进行区分与界定，即一个物理空间或生态系统复杂体、具有人与环境共同关系的背景、一种隐喻的表达方式、一种社会建构或日常言谈术语[93]。奥拉夫·巴斯蒂安（Olaf Bastian）等认为景观是不同尺度背景下地球表面的一部分，源于自然但却是在人类影响或感知下所形成的具有社会价值色彩的有形实体或无形传承[94]。即景观不但具有明晰的尺度所指，而且更专注于人类栖息与人类行为对环境的影响，同时强调人类自身精神与交流也是构成其整体的一部分。全球尺度下，人类事实上只能接收生态系统服务的部分利好，而正是景观拉近了人与环境之间的距离，并强化了这些服务的功能属性。2009年，若兰德·W.特莫斯水曾和保罗·欧普丹（Paul Opdam）在总结了诸多关于景观和生态系统服务两个概念间的关系后，提出了"景观服务"这一术语[95]。保罗·欧普丹强调，景观服务概念背景下，景观是一种非人类主导的系统，在功能和结构上都需要人类去进行主动适应，而其服务的递送及价值取决于景观的生态网络结构等异构格局[96]。相较于生态系统服务的包罗万象，景观服务更强调空间性、历史线索与情境性、人类影响性、实用性以及人在景观规划中更多的参与性。

（4）我国景观服务研究进展

自景观服务的概念提出以来，尽管我国有关景观服务的理论或评估方法研究较少，但其发展却呈现出向多层面延展的积极态势。

浙江大学宋章建等强调，景观尺度是解析探究可持续景观演变过程、人类活动对土地利用/覆被变化影响的最佳尺度，并对景观服务研究在内涵及其分类体系、评估/制图与模型模拟方法、景观格局—过程—服务—尺度长期综合研究等方面的未来发展方向进行了集中分析[97]。同样，西北大学梅亚军等对景观服务的定义、分类指标进行了介绍，对景观服务价值评估常用的方法以及定量化制图的程式进行了总结，并对景观服务未来相关研究的趋势进行了展望[98]；其同时选取多种影响因素，通过差异权重法进行了不同因素对单一景观服务（生境服务、土壤保持服务、耕地生产服务）的影响实证研究，意在揭示生态脆弱区景观服务及其空间分异相关特征[99]。北京大学彭建等提出，景观服务是桥接自然生态系统与人类福祉的桥梁，而"景观格局—景观服务—人类福祉"间的耦合联动是促进综合自然地理研究和可持续性科学进行接轨的重要路径[100]。华中农业大学刘文平认为，景观服务及其空间流动特征是耦合风景园林与人类福祉的重要纽带，并借由景观服务供需平衡关系，提出了基于景观服务供给、需求以及流动路径的风景园林空间管理框架[101]。另外，邝振华与高峻强调，景观服务是生态系统服务评估的新进展与新方向[102]；俞孔坚认为，人类不应囿于景观所带来的物质利益，而应着重于其美感与所提供的体验、文化等景观服务精神内涵[103]；张雪峰等以景观服务制图作为切入点，提出了一种景观服务制图的研究框架[104]等。

1.4.4 景观美学服务相关研究进展

许多人认为，视觉美尤其是景观视觉美是审美评估开始的地方，但这种狭隘的美学观念也受到了诸多质疑与挑战。视觉的方法通常是图案印象与对自然直接欣赏两者间相互作用的自然结果。艾伦·卡尔松（Allen Carlson）对此种英国19~20世纪风景式造园运动遗留下来的遗产性风景模式认知进行了相关补充。他认为，作为一门学科，美学的形成或伦理性发展在很大程度上受人对艺术品进行反思的影响，艺术品所呈现的视觉特征与生活诠释功能要比语言更能传达美的内涵[105]。正如西方语境中常见的"景观"（Landscape）一词来源于早期绘画研究中的"Landskips"，从一个特定的角度来看，至少在精神上被定义为一个场景，才是审美价值评估形成的必要条件。但这种观念在理解人类主体与环境客体的关系上，与生态系统概念保持了近乎一致的看法：人与自然环境是相对独立的两种存在，两者之间总有距离的区隔与界定。然而，正如创作一幅画，作者关注的对象是视图的实际组成或静态成分，而往往忽略或弱化了视觉上明显或非明显的动态过程美。

艾伦·卡尔松、保罗·塞尔曼（Paul Selman）等强调，文学作品与普通大众的对话无不在提醒世人，自然的美比纯粹的视觉、静止的场景更有美感[105-106]。国际美学学会前主席阿诺德·伯林特（Arnold Berleant）教授极力推崇接触的美学（参与的美学）：打破人与自然之间的阻碍与区隔，拉近两者之间的距离，走向她、亲近她、了解她，用身临其境与全部感官来感知她；"松树的香味、双手抚摸着大麦的耳朵、脸上的风伴随着风起云涌的云彩和阴影，这些也很美"[107]。早在 1984 年，环境美学之父罗纳德·赫伯恩（Ronald Hepburn）就指出了自然审美体验如何为反身性提供可能："我们身处自然，是自然的一部分，既是演员也是观众；我们与自然的关系不是面对或欣赏墙上的画，我们其实就是自然'这幅画'中的构成要素"[108]。罗伯特·菲什、奈杰尔·斯科特·库珀（Nigel Scott Cooper）也强调，人类对自然的美学塑造并不仅仅来源于日常实践，更包括了有意识地将自然客体塑造为相关美学范式[55, 109]。

（1）以专家意识为主要考量

早先，人们对景观的美的认识仅限于这个景观是否是风景秀丽的。其假设多数人在审美上缺乏必要的专业知识与相应训练，从而不能作出正确的审美评判，故与景观美学相关的识别或分析多数是以专家的意识为依据。以英国与美国为例，这个时期内，两者对乡村和森林景观的调查、目录编制或分析也仅是基于对其元素在形态、特征对比或多样性等方面的考虑[110]。同时，研究实践中也往往忽略对某些景观元素的特殊关注，所有元素都被赋予平等的价值，且多用文字和图形来描述与表达。从 20 世纪 70 年代开始，随着规划者和管理者对一种更可信的评估方法的需求的高涨，以美国《国家环境政策法案 1973/1974》（National Environmental Policy Act 1973/1974）的出台为标志，首先由国家权力机构进行牵头，诸多种类的环境评估程序（Environmental Assessment Procedures）开始被广泛引入景观规划与管理实践，衡量的方法中逐渐涉及如类别、数字与权重等手段的应用，以评估不同景观元素对景观整体美学质量的相对贡献，同时也出现了与预测景观未来发展变化和影响相关的实践理论尝试。以类别的应用为例，在美国农业部（United States Department of Agriculture）森林管理系统（Forest Management System）最早的景观美感度评价体系中，视觉质量被认为与如植被、形式、色彩等景观元素的种类和多样性最为相关，相较于其他如稀有性和唯一性等属性，这个属性被赋予了更高的数值[111]。但进入 20 世纪 70 年代末期以后，由于缺乏相应的实证研究作为支撑，以路易丝·M. 亚瑟（Louise M. Arthur）与斯蒂芬·卡普兰（Stephen Kaplan）为代表的学者对某种视觉元素与某种景观美学体验间有密切相关性或一个元素比另一个元素更重要等主观性判断或假设均提出了质疑[112-113]。而且，越来越多的人开始意识到，景观属性测度通常是顺序数据而非比率数据，美学元素没有相等的价值基点或绝对零点，并且几乎没有证据来支持这样的假设，人们依据个别的元素来看待景观。他们转而提出，景观美学体验或美感取决于所有景观元素整合形成的架构，数值性的权重评判应该被避免，或应以抽象性的评价性词语（如高、中、低）来替代。

（2）以体验者偏好为主要考量

20 世纪 70 年代也是景观体验者意识得到越来越多重视的重要转折期。截至 1982 年，美国亚利桑那大学埃尔文·H. 祖贝（Ervin H. Zube）等学者已经尝试用精神物理学（Psychophysical）的方法来探寻人类喜好和景观属性特征间那些可测量的、可预测的关系[114]。例如，美景度评估（Scenic Beauty Estimation）法便是以精神物理学为基础而产生，其收集景观体验者对景观的相关基础评价信息，并采用多元回归分析来确定哪些景观属性与景观体验者的偏好最为相关，并初步允许土地管理者用模型化的方式去预估和比较不同管理体系可能对景观美景度产生的影响[115]。这种方法由于在环境管理、规划设计中的实际效用以及与专家评估相比明显的客观性特点，因而得到了广泛应用。但是，精神物理学的方法也因为一直未能在揭示体验者为何对某一景观属性的偏好胜过另一景观属性的问题上取得有效进展而备受诟病。多数批评者认为，这一认知缺陷导致对景观体验者所积极评价的景观属性无法进一步实施等级细分，并使最优景观属性的选择性维护或营建成为盲区[116]。所以，从 20 世纪 80 年代末期开始，以认知科学（Cognitive Science）的跨学科研究兴起为契机，学界基于认知学内涵构建的诸多技巧与方法开始萌芽，针对普通大众、特定群体以及特殊景观环境中个体等所反映出来的景观美学偏好进行了广泛的聚类分析，对隐藏在其背后的相关认知机理进行了探究[117]。

（3）以体验者参与为主要考量

20 世纪 70 年代中期至 80 年代初，由杰伊·阿普尔顿（Jay Appleton）、斯蒂芬·卡普兰等推动形成的学术传统认为，人类总是去探寻对其生存和福祉具有必不可少支持特性的生境，对生态系统或环境特征的美学反应具有遗传性或生物学的起源[118-119]。例如，栖息地理论（Habitat Theory）、瞭望—庇护理论（Prospect-refuge Theory）、信息加工理论（Information Processing Theory）等都是对以进化论为基础的人类环境偏好模式、人类对特定自然生物区优选的分析与论证。在某种程度上，这一学术传统也反映了学者对景观体验者在景观参与性方面最原始的关注。也正是从 20 世纪 90 年代初期开始，特里·哈蒂格（Terry Hartig）等提出，过往的生态系统服务分析或评价往往忽视或边缘化美学体验具有传递式属性的特征和含义，主张积极的美学认知、美学判断、美学反应是可以通过特定情境的营造或参与式的引导来建构的[120]。这种方法不侧重于测量景观美学属性和价值，而是将美学体验理解为个人、社会群体、社会文化背景和环境之间的一种动态的、有意义的传递或交互影响。反之，马尔滕·沃尔辛克（Maarten Wolsink）认为，当变化发生于一个人的控制之外时，其尤能被强烈地感知和反对[121]。可以说，许多与发展相关的所谓的景观问题，都是有关对变化的某特定方面的参与感和控制感的丧失。同时，人本主义心理学家亚伯拉罕·马斯洛（Abraham H. Maslow）提出的需要层次理论也支持这一论点，认为控制感是人的安全需要中的最高层次[122]。参与感是景观体验者对景观美学客体控制欲的一种情感渗透，若其长期处于缺失状态，则可能促发个人和集体存在感与归属感的丧失，渐进性递增、累加会导致不满或迷失情绪的暴发，进而终将对景观的未来健康发展带来负面影响。

（4）以空间与其他因素为主要考量

无论是以专家意识还是体验者偏好为依据，景观美学体验的识别与判断都更多地关注景观属性在这些过程中的相对贡献，景观属性在评估中与景观空间的关联性如何则涉及不多。此外，两者对于其他目标，如本区域的景观生物多样性保护、毗邻地的景观美景服务可持续性发展的实现也关注不够。事实上，以伊恩·L. 麦克哈格（Ian L. McHarg）先生为早期代表，诸多学者在探寻一个能够综合考虑多种因素影响，同时支持生物与社会经济目标达成的土地利用决策系统的尝试中，也进行了长时间的探索。例如，早在 1969 年，伊恩·L. 麦克哈格便面向景观生物物理特征和功能的识别与分析，基于各资源层如视觉质量层、地形层、土壤层、植被群落层、动物群落层叠图筛分的思维，来累计显示针对不同土地利用的最适合和最不适合的区域，并最终评估某景观实体是否与特定的土地利用变化相匹配[123]。2007 年，玛丽·特韦特（Mari Tveit）等在对大量既有文献进行综述研究并取各家所长的基础上，里程碑式地提出了评价视觉景观特征的 9 个关键相关概念，即呵护与管理水平、连贯与重复程度、干扰与阻碍状况、历史连续与丰富度、视觉尺度选择、可成像性、复杂多样性、自然天成度、随季节与天气变化性，且每个概念都有与景观物理结构直接相关的景观属性和指标[124]。以玛丽·特韦特等对景观视觉特征进行描述的概念体系为基础，其他学者对与其相关的景观指数进行了不断的细分与拓展，使其逐渐发展成为空间角度背景下，被业界最为认可、发展最为迅猛的景观视觉美学服务评估方法体系[125]。

（5）我国的景观美学服务研究进展

从生态存在论的视角看，人与自然是此在与世界的关系，两者结为一体，须臾难离。中国传统美学思想重视生态美，视自然为生命的统一体，强调人与自然密不可分，孕育了多种生态观。儒家的"天人相和"、老庄的"玄学思想"、禅宗的"意境顿悟"等，或多或少都提倡对生态自然的无为之美，主张对生态自然的敬畏、感恩、与共之心，与当今、东西方盛行的生态美学理论具有很多的共通之处。但正如宗白华先生所言，在精神上实现从有限到无限的飞跃是我国传统审美追求的核心主旨[126]。而人们在这一层次上讲求生态美，毕竟陶冶在先而行动在后，虽然有可能引导与激发人们从事美的创造，但往往缺少了现实实践的品格。

国外生态系统服务价值的评估从 19 世纪 60 年代中后期开始萌芽[127]。而我国虽然早在古代对生态系统的服务功能就有了相关感性认识与实践，但是从科学的高度对生态系统服务价值研究的开展却始于 20 世纪末。其起步虽滞后于国外，但自 2000 年以来，生态系统服务价值研究在我国进入了快速发展阶段，景观美学服务在生态系统服务评估中的地位和作用也逐渐得到重视。相关研究包括潘影等利用生态系统功能、污染概率和整洁度等 10 个单一空间显性指数对北京市农业景观生态与美学质量空间进行评价[128]；蒋丹群等基于自然性、宁静性、运动性等 7 个指标构建土地整治美学评价指标体系，探讨土地整治美学评价的方法[129]；张凯旋与宋力等借助心理物理学派美景度测定与统计方法对城市森林景观进行公众审美偏好程度的调查、分析与比较研究[130-131]；江波等采用被视频度、林型权重、被视可能性，钟林生等通过对比分析景观指数的变化情况，分别在森林风景功能的计量评价与景观指数辅助评价方面进行了实践[132-133]；以及郑晓笛等对将美学与景观艺术融入污染土地治理的探索，甘永洪等对视觉景观主观评价的"客观性"挖掘，毛炯玮等对城市自然遗留地景观美学评价中心理物理学方法的应用等[134-136]。

1.4.5　相关研究综述

（1）生态系统服务的核心内涵是非真生态的区域景观营建观

区域景观的生态化营建需要向"服务生态系统"的崇高意识与高尚情操应时转向。人类完全依赖地球的生态系统及其所提供的生态系统服务以存续，因此，生态系统服务的变化能够对人类福祉的各方面形成重要影响。同时，人类与生态系统服务之间的关系是通过获取制造资本、社会资本与人力资本来显现的。两者的关系从来不是线性的：当生态系统所能够提供的服务表现为供大于求时，其边际增长可能会对人类福祉产生轻微助益或消极影响；反之，当生态系统服务表现为供不应求或相对稀缺时，其小小的消减或退化都可能对人类福祉产生显著影响。生态系统服务内涵指向生态系统利好向人类消费的单一方向流动。从平衡观的角度来看，平衡是宇宙万物的本质和存在的方式。长久以来，人类既是生态系统的一部分，但同时又具有以周遭环境存在而存在的根本属性，所以人类与自然生态系统绝对不是互相对等依存的平衡关系。换言之，没有自然生态系统的支持，人类绝无继续存在的希望，但若是自然环境系统没有人类的做伴，料想其依然可以延续存在并通过自我循环调整达到新的平衡稳态。反观当前的生态系统服务研究与实践，绝大部分在于测算、评估、标签、模拟、演绎我们所能够利用与拥有的生态系统服务价值到底几何，呈现的多是攫取者的姿态，反映的往往是经济至上、金融主导、人类需求首位的人本位心态。

20世纪下半叶以来，生态系统服务的概念与内涵的发展以及与其相关理论实践的探索在提高人们对自然系统本身，尤其是自然系统对人类重要性的认知方面发挥了重要作用。但随着自然资源的迅速枯竭，生态系统服务的衰退或其功能的减弱已经成为环境最显著的变化之一。究其原因，生态系统服务研究与实践中以经济为中心的思维定式及其鲜明的人类中心主义色彩难辞其咎。即在"生态系统服务价值化"与"自然环境资源金融化"的主流价值观导向下，生态系统服务相关研究与实践在本质上仍是以人类利益为中心的区域人地关系协调模式。因此，以估值、分配和交换等市场机制与支付体系为意识基础的生态系统服务发展架构不但未能就人类对自然资源以及自然环境的无节制消耗予以有效干预，而且，在生态系统服务长期遭受的过度消费、肆意攫取以及将生态系统服务兑现成潜在的市场价值等方面，其有激化或加速的正影响效应。另外，以生态系统服务为主旨的区域生态观也间接造成生态系统服务范畴下的文化生态系统服务类别相关研究或实践长期发展滞后，无形中对区域生态文明建设中的生态文化发展形成了阻滞的负面影响。

（2）景观服务、景观美学服务是对区域生态系统服务中"生态文化建设缺位"的应激性回应

区域景观的生态化营建需要以系统性的"区域景观生态文化建设"为支撑。生态系统服务的核心内涵是非真生态的区域景观营建观。区域景观的生态化营建需要向"服务生态系统"的崇高意识与高尚情操应时转向。

比较来看，国内外景观美学服务评价研究已经从初期的理论、理念探索逐步向建立较为全面的指标分类和体系阶段迈进。但细细检视景观美学服务的内涵后不难发现，作为景观审美体验的绝对主体，体验者对景观客体对象的识别、反思、评价与其自身所具备的生态审美意识成熟度及涵养水平具有极大关联。即无论景观美学体验主体是普通大众还是专业人员，其评价与反馈都会在各自层面对景观客体的现下与未来变化

产生深远影响：在一些情境中，景观体验者对景观的喜爱会产生保护性或恢复性的结果；但在相反的情境下，如若感知是局限性的或不正确的，就可能会给生态价值带来负面影响。但纵观国内外，与审美价值和生态价值间冲突的认知弥合相关实践的研究却涉及不多。在笔者看来，生态系统服务视角下，此项促进景观美学感知水平在生态层面得以提升的基本实践却发展滞后，为以其为基础支撑的其他景观美学服务评价研究带来不确定性与风险。

人们关注与讨论生态问题或与生态相关的景观美学服务问题，主旨在于树立科学的发展观与生态观。不同时期，因为侧重方向、认识高度、社会文化、科学技术进展程度等因素的不同，进而衍生出与时代背景特征相匹配的诸多景观美学服务识别与评价方法。但总的来看，在关于景观美学服务的景观实际规划与管理中，对美学问题的思考主要是两种截然不同的方式。一种是"形式"的方式。即人类美学体验的发生源于人类感官系统对环境中形式属性或质量被动接收后所引发的刺激，其核心内涵在于去明晰此环境的形式特征和产生相应反应的本质间的那些规律性的、可预测的关系，而其关键特征在于对此种客观刺激和人类主体或人类主体群主观反应间的差异化的探究与解释。换言之，"形式"的方式与方法调查的重点在于识别环境刺激与相应人类美学反应相关的形式特征、这些反应的本质与强度以及影响两者间关系的那些因素。此外，景观不仅是我们所看到的或衡量到的，其也是人类在各种土地塑造与管理活动中直接、间接与合作性的参与。所以，另一种便是"事务性与情境性"的方式。环境行为学认为景观环境与人类行为间的关系同时具有事务性和情境性的属性特征：事务性在于人类和环境随着时间通过相互作用来帮助定义与改变彼此；情境性在于人类行为与审美是由特定地点和情况的性质所塑造的。"事务性与情境性"的方式更注重于对特定环境中有意义的美学体验的积极建构以及对其传递性和偶然性的理解。即如果假定美学认知与美学伦理是可以通过事务性与情境性的方式营建并进行传递的，那么通过美学教育互动和实际参与了解等方式来改善人类美学反应与生态系统可持续运作之间的关系就成为可能。

1.5 研究方法、内容与框架

1.5.1 研究方法

（1）文献研究的方法

国内外与本研究主旨相关的文献、专著及实践是本书撰写的基础。本研究借由长期、大量的文献查阅和收集，并通过比较和分析的过程，旨在最大限度地吸收并学习与研究内容相关的理论和实践研究成果，寻找其中内在的关联性，进而析出本研究的必要性意义。同时，由于不同的研究视域与领域对同一研究对象在理解方法、解读方式及阐述角度等方面都不尽相同，因此本书尽可能地回归到原始文献，从中获取关键信息，并借由多角度比较与分析，对研究主题进行阐述。

（2）理论逻辑论证与演绎推理的方法

逻辑思辨与演绎推理指在现有的相关概念与理论的基础之上，对研究的整体性理论实践基础和结构框架进行逻辑演绎。本书基于服务生态系统、区域景观、区域景观营建、区域景观营建协同等核心概念解释，以生态系统的过程属性、区域景观营建的过程本质、服务生态系统与区域景观营建的关系分析为基础认知，并面向协同理论、系统理论以及区域景观营建服务生态系统的三个理念依据，进行合理的逻辑推理，演绎服务生态系统的区域景观营建内容构成与理论框架。

（3）比较研究的方法

此种研究方法是基于一定的标准、面向特定的研究主题，将有着某种内在联系或详细特征的两个或多个研究客体放在一起，进行比对与分析，识别其不同与相同之处，进而对事物的特征、本质和规律进行准确把握。本书通过这种方法确定服务生态系统的区域景观营建内容主体要素以及协同运行机制关键，以期促成传统区域景观营建思维与方法向生态伦理高点的转向。

（4）案例佐证的方法

在理论分析与方法建构的同时，本研究通过对典型区域景观营建规划管理的实施机制经验的总结，分析并反思既有的实践经验与做法；概括总结出一些基本的判断、结论、规律与方法，并将这些结论、规律和方法作为区域景观营建及其协同机制搭建的重要原则与依据，既有较强的说服力，又具备典型性和操作指导性。

（5）系统科学的方法

系统科学的方法是将系统科学的观点及理论作为理解事物本质与内涵的基本视点，把研究内容、内容构成及内容相互作用关系置于系统的框架中，从整体和全局的思维入手，基于要素和要素、系统和要素、结构和功能及部分与整体的辩证统一关系，对研究对象与研究总体进行思考、分析和研究，以得出最优的解决问题路径。

1.5.2 研究内容

根据"研究背景分析与问题提出—基础理论解析与核心理念生成—方法演绎与机制建构—研究结论与未来展望"的逻辑分析思维，本书整体分为4个部分、6个章节进行论述，其主要研究内容包括：

（1）基础研究

基础研究由第 1 章构成，通过对区域景观生态系统服务概念与实践的反思、我国生态文明建设对区域景观营建提出的新要求、基础理论发展需求的响应三个研究背景与视角的解析，提出研究的问题、目的以及意义，并基于研究概念界定与国内外相关研究进展，论证本研究开展的必要性以及其所具有的学术性理论与实践意义。最后以研究方法、研究内容、研究框架的阐述，引导与配合本书内容的展开。

（2）理论研究

理论研究在第 2、3 章进行阐述，主要针对研究主旨进行逻辑思辨与演绎推理，旨在为本书后续核心主张、观点与方法的深入研究与进一步延展提供坚实的理论基础和依据。一方面，生态系统的过程属性、区域景观营建的过程本质、服务生态系统与区域景观营建的关系、区域景观营建协同必要性的理论支撑四个方面的内容为析出"服务生态系统的区域景观营建以及协同"的研究主题提供了依据；另一方面，从生态文化建设的滞后、生态过程属性的缺失、协同性区域景观营建组织系统的缺位三个问题出发，对现状区域景观营建中的具体问题与对应解决路径进行了概述，并以服务生态系统的区域景观营建生态伦理观、生态美学观、生态空间观为理念依据，研究提出了服务生态系统的区域景观营建包括区域景观生态文化的营建、区域景观生态空间格局的控制以及两者间协同机制的建构三个板块的内容。

（3）方法与机制研究

方法与机制研究由第 4~6 章的内容构成。第 4 章以亲生命性的景观美学涵养培育与亲地方性的景观历史线索为两个破题关键，由内涵解释、问题分析、要素提取、应对方法以及效益分析等过程步骤诠释服务生态系统的区域景观生态文化营建；第 5 章基于景观规划中的生态规划决策与空间、生态二元景观规划的整合两个着力点进行解题，并分别依据整合的意义、整合的过程、整合的策略，以及决策目标、决策条件、决策框架的脉络，导出服务生态系统的区域景观空间格局控制；第 6 章以两者协同的内在关联性分析、两者协同的区域景观规划组织机制框架搭建为基础，建构区域景观营建的协同机制。

（4）研究结论与未来展望

此部分内容主要针对本书研究主旨，对核心研究内容、研究重点、研究成果及研究创新点进行总结，并对未来研究问题进行展望。

1.5.3 研究框架

本研究的研究框架如图 1-1 所示。

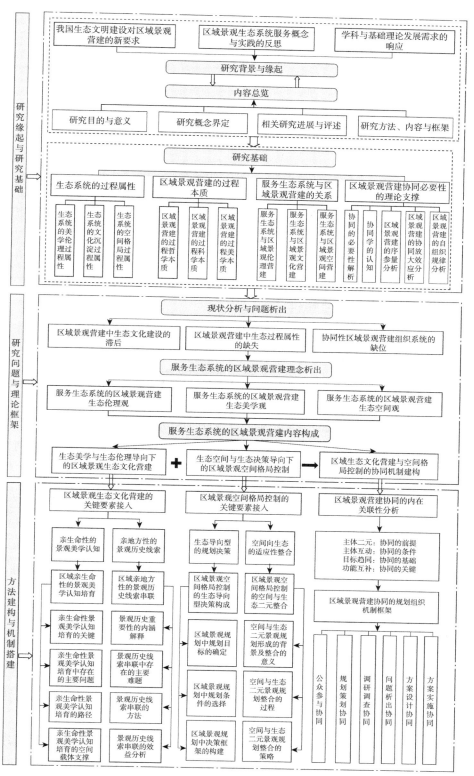

图1-1 研究框架

第 2 章
研究基础

2.1 生态系统的过程属性

2.1.1 生态系统的美学伦理过程属性

普遍来说，每个人都拥有一个系统性的道德规范集合，构成了其思维与行动的基本原则或信仰。即根据这些原则或信仰，一个人在经过某种思考之后，有意识、无意识甚至出于本能地来对道德的与非道德的行为进行区分并进行回应。成长环境、教育背景、自我学习是每一个人道德规范集合动态发展与变化的基本影响要素。在哲学范畴下，此种实践或研究被统称为"伦理学"性的探知。

《剑桥哲学词典》（*Cambridge Dictionary of Philosophy*）指出，"伦理学"与"道德"两个术语间可以进行互换使用。著名作家、伦理学家拉什沃思·基德尔（Rushworth Kidder）对伦理的解释则比较具体。他认为：伦理或道德哲学是哲学的一个分支，是理想人类性格的科学或道德责任的科学，旨在对正确和错误行为的概念进行梳理、辨别、论证以及系统化。即伦理学通过定义善与恶、对与错、美德和恶习、正义和犯罪等概念来解决人类道德问题，与道德心理学、描述伦理学和价值理论等有非常紧密的联系[137]。《互联网哲学百科全书》（*Internet Encyclopedia of Philosophy*）认为，伦理学研究应覆盖三个方面的内容：元伦理学，指道德命题的理论意义与参考系建设以及与其相关的真值确定；规范性伦理学，指决定道德行为过程的实践手段；应用伦理学，指在特定的情况或行动领域中有义务或被允许去做的事情。

环境哲学与环境伦理学均以环境中复杂的人与自然的关系为研究焦点。生态系统美学伦理应归属于环境哲学与环境伦理学的研究范畴，意指人作为审美主体在看待、理解以及对待生态系统时所秉持的态度、情感以及价值判断。即相对于生态系统审美主体来说，生态系统是被透视的实体或对象，前者所具有的科学知识、生活感悟、理想信念等不但决定了生态系统美学体验的多样性与独特性，同时也对体验者后续可能对生态系

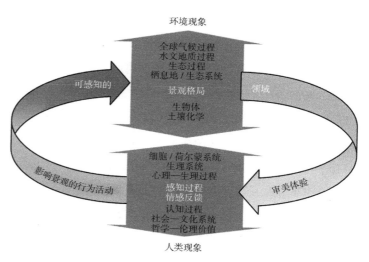

图 2-1 人与生态系统交互作用模型

统施予的行动作用或影响有着特征鲜明的导向性（图 2-1）。需要强调的是，基于伦理动态发展与变化的基本属性，生态系统美学伦理的养成或塑造也具有非常鲜明的时间过程特征，并主要体现在美学主体在人生不同阶段（如童年时期与青年时期）的成长环境、生活阅历（如与他人的讨论、与哲学或宗教思想的接触）等方面。以童年的成长为例来看，孩童由于并不具备真正独立思考的能力，其关于什么是"对"与什么是"错"的基本是非观以及什么是"美"与什么是"丑"的基本美学观大多来自父母的言传身教。而待孩童成年后，随着其自我意识的不断发展与强化，虽然动态变化或继续调整的固有属性依然保持，但其包括社会道德观、自然环境观、生命意义观在内且相对稳定特征的总体价值观体系基本形成。即一个生命个体从其出生到其基本价值观体系的建立，是一个需要以时间进行衡量与标记的鲜明的过程。同样，如果我们跳出单个个体发展的尺度，而以一个历史时期或一个地域内伦理观的发端、进化、变化以及养成进行观察，则会发现其必然也是以时间轴线为基本线索的过程脉络探索。另外，一方面，生态系统的审美体验不是已经存在的生态系统特征，而是当审美体验者对生态系统作出反应时才会出现的；另一方面，严格意义上来说，独立于体验者或与任何美学体验者未有任何交互作用的存在称为"自然"，反之则为"景观"；两者共同强调了交互在自然存在转换为美学景观、主观观察转换为美学体验两个过程中的基础角色[138]。

2.1.2 生态系统的文化沉淀过程属性

一般意义上，生态系统是地球表面上具有某一地貌特征并为人类居住和进行经济活动提供所需材料的资源本底。即人为了自身的生存和发展而对自然生态系统进行改

造后，人便成了生态系统中的有机组成部分。而风景园林学科往往将此种带有人类痕迹的生态系统纳入文化景观的类别。如联合国教科文组织将文化景观定义为：人与自然共同作用下产生的物质或非物质性遗产，解释了人类社会在自然环境限制和（或）机会背景下以及外部和内部连续的社会、经济和文化力量影响下随时间的演化进程[139]（图2-2）。《欧洲景观公约》认为，景观是人作为美学体验者视角下对生态系统的专门称谓或描述性术语，文化调和了人与生态系统或自然环境之间的关系，使其实现了人性化。因此，综合来看，生态系统文化沉淀是指人与生态系统通过交互作用形成的具有社会共同认知价值及利益关切的实体对象以及文化与情感关系的集合。即人类根据自身的生存、经济、社会、文化和心理需要塑造自然，生态系统文化沉淀是一个文化群体对自然生态系统进行塑造或加工的过程。在这一过程中，文化是主体，自然区域是对象，时间是媒介，文化与情感在自然生态系统中的反应与沉淀则为结果。所以，辩证地看，生态系统文化沉淀的过程输出了文化景观（人工生态系统）以及文化景观遗产的产品，而文化景观以及文化景观遗产则是承载生态系统文化沉淀过程发生的实体或关系性依托。

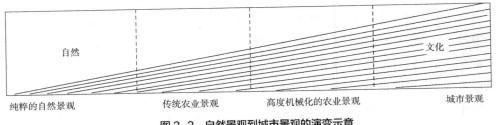

图2-2 自然景观到城市景观的演变示意

南宋诗人范成大在游历哈尼梯田的壮阔美景后感叹道："仰坡岭坂之上，沟壑之间，漫山遍野皆田，层层而上，至顶，名梯田"。千百年来，这种由森林生态系统、乡村文化系统和梯田生态系统联合形成的梯田水稻农业是我国云南哈尼族人民在梯田农业发展过程中形成的典型性生产模式。同时，从最基本的生活必需品到婚丧嫁娶习俗、节日和庆典仪式、宗教和崇拜形式，甚至生活态度、道德和审美意识，哈尼梯田文化无不反映了梯田农业发展历程的点点滴滴。即如哈尼梯田般的农业人工生态系统完美呈现了人与自然生态系统长期交互作用下所凝结而成的可持续性文化与物质空间印记（图2-3、图2-4）。

因此，一方面，生态系统文化沉淀通过历史生态系统元素来进行表征。历史生态系统元素反映自然生态系统的转变历程、人与自然的共存和（或）斗争过程以及彼时社会在文化、政治和经济转型等方面体现出来的特征与导向；是各历史阶段科学技术

图 2-3 哈尼梯田
来源: https://en.wikipedia.org/wiki/Honghe Hani Rice Terraces.

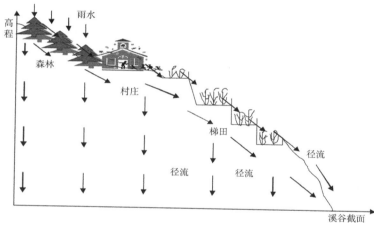

图 2-4 哈尼梯田景观的空间结构示意

发展的集中反映，并通过生动的历史与文化遗存使当代人能够了解并洞察前人在不同领域的物质需求和美学渴望；为了丰富当代景观个性和特征，历史旁白和故事叙述的象征性内涵，成了重要而富有表现力的景观—历史知识与灵感的来源；其承载着人类群体的集体记忆与价值取向，在区域身份认同，归属感营建、强化以及升华中发挥着重要作用；提高了区域文化厚重的魅力磁吸效应，为当地文化发展脉络的梳理提供了主线，为历史文化的继承与传承奠定了坚实基础。

另一方面，生态系统的文化沉淀属性主要体现于其特有的代际契约伦理或代际叙事特征。生态系统的文化遗产属性使其在物质利用、传统形成、意识形态塑造、历史事件发生、品格与行为模式养成等方面表现出强烈的代际历史联系性。即每一代人都追求其在物品、制度、传统和环境中珍视的价值观能够通过叙事的方式完整地传递给下一世代，并要求或冀望其后继者对这些元素、意识能够保有尊重以及继续传承的正确态度。反之，在代际亲情与血脉连接以及伦理教育的背景下，通过对留存实物、传统和环境进行探索、保护、了解甚至恢复等类型实践，现下世代的人同样有本能渴望甚至伦理义务来努力理解和欣赏以前世代的价值观、审美观以至代际传承观等。

2.1.3　生态系统的空间格局过程属性

空间格局与生态过程是描述生态系统特征的两个核心概念：空间格局是生态系统的外在时空呈现，生态过程则为生态系统的内在运作机制，两者交互影响并共同决定了生态系统的具体特征与内涵。在人作为美学体验者视角下，生态系统空间格局特征可被称为景观空间格局。广义来说，空间在时间上的绝对可变性决定了生态系统鲜明的过程属性。

生态系统空间格局过程表征为生态系统空间格局的动态变化性。具体来说，这种动态变化性包括生态系统的动态继承性与动态扰动性。继承是对生态系统的内部变化解释，意味着生态系统或多或少，或完全或部分地从上一阶段生态系统状态中沿用与获得的特征、方法与属性。而扰动是对生态系统受到外部影响的总体称谓。即如果把生态系统看作一个完整的实体或系统，那么一方面，其必然会受到局地其他生态系统实体或系统的作用或影响，另一方面，如气候、水文、地理位置等宏观背景影响条件也是导致其出现鲜明空间差异性的重要原因，且两者共同构成了影响生态系统存续或发展的"生态系统扰动"集合[140]（图2-5）。

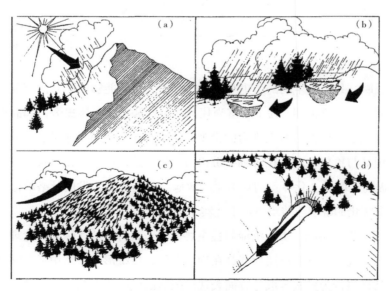

图2-5　影响景观存续或发展的"景观扰动"集合示例

（a）地势对降雨和太阳辐射（箭头）阴影的影响；（b）地势对湖泊水供给的控制。在景观中，处于排水系统高处的湖泊能接收到更多来自直接降雨的水供给，而低处的湖泊主要接收地下水（箭头）；（c）更高的山坡处，地形更易受到风的限制干扰；（d）陡峭凹陷地形的轴线处最易受到山体滑坡影响（箭头）

来源：SWANSON F J，KRATZ T K，CAINE N，et al. Landform effects on ecosystem patterns and processes[J].
BioScience，1988，38（2）：92-98.

生态系统扰动的成因、产生的模式和动态以及相应生态后果是景观生态学的主要研究课题。学界认为，扰动改变了系统的状态和动力学，是空间和时间异质性的主要驱动因素。即扰动不仅是模式形成的显著因素，同时也是生态群落内部变化发生的主要自然因素。这种认知在一定程度上直接促成了20世纪后期整体自然观从平衡到非平衡的应时转变。目前，生态系统扰动的实践与研究主要包括三个方面的内容：①扰动的环境驱动因素及其相关特征；②扰动与给定生态系统初始性质和空间结构交互的特征；③导致系统特性改变的物理和生物机制。此外，景观生态学背景下，扰动是对生态系统空间格局的响应及再创造过程，产出了演替性、系列性的空间斑块式马赛克—斑块动力学特征（图2-6），是模式—过程相互作用研究的理想对象。

关于生态系统空间格局过程中的扰动有几个方面需要着重强调：①生态系统扰动是一种中性表述，以扰动指向的生态系统发展影响利弊分别被形容为积极扰动与负面扰动。例如，飓风可能对人类造成相当严重的生命财产损失，但其却有助于维持许多热带雨林的物种多样性；同样，人类一级防范的森林野火则对维持某些类型生态系统中的物种平衡发挥着至关重要的作用。②扰动的过程往往表现为扰动产生开放的空间（如火灾在连续植被中腾出的空隙），即原始的斑块，并相应改变了这个空间中光、养分等资源的水平，进而催生次生演替现象的发生，最终在空间形式上表现为新的景观样式。如美国1980年的圣海伦斯火山爆发和1988年的黄石大火，为未来几十年甚至数百年的生态系统物种和生态过程奠定了基础结构。③需要将一种特殊的扰动事件（如个别的风暴或火灾）与生态系统特征的扰动状态区分开来。后者是指较长时间内

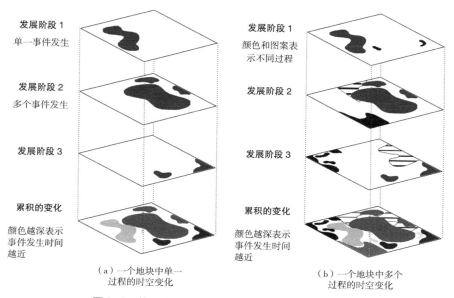

图2-6 单一地块内单一过程与多个过程影响结果示意

发生的扰动的空间和时间动态，并以扰动的空间分布特征如扰动频率、返回间隔、旋转周期、扰动的大小、强度和严重性等来进行描述。在此需要强调的是，扰动和扰动状态在本质上都与尺度的考虑密切相关。即一个特定的扰动在小尺度上可能是破坏性的，但在大尺度上却可以是稳定的。

2.2 区域景观营建的过程本质

2.2.1 区域景观营建的过程哲学本质

过程的概念是过程思维的核心。尼古拉斯·瑞舍（Nicholas Rescher）将过程定义为"现实复杂性中的一组协调变化，一组有组织的、因果或功能上相互联系的事件"[141]。而过程哲学中的基本思想可以用两个命题来表达：①在动态世界中，事物离不开过程。即倘若实质性的事情发生了变化，其本质必然包含有促进内部发展的某种推动力。②在充满活力的世界中，过程比事物更重要。即由于物质事物在世界的变化过程中或从世界的变化过程中出现，因此过程优先于事物。

从古至今，存在的问题一直是一个关键的哲学问题。例如，形而上学以直觉为基础，最早由前苏格拉底式希腊哲学家巴门尼德斯提出，并自亚里士多德以来在西方哲学史上长期处于主导地位。即尽管我们本身以及自己周遭的世界都在不断地发生变化，但长期以来一直有相关实践或思维痴迷于将现实描述为静态个体的集合，其动态特征要么仅仅是外观，要么是本体论的次要部分和衍生物。与此种形而上学的现实快照相反，过程哲学强调存在是持续的自我分化，认为过程以及过程中发生的变化才是许多事件或动态存在的共同模式。一方面，过程哲学是一个复杂的、高度多样化的领域，它与任何其他学派、方法、立场甚至是过程的范式概念都区别明显。另一方面，过程哲学是一种传统的本体论和认识论学说，有许多像"存在—成为""稳定—变化""新颖—均质"等固有的两分类内容。即存在是指构成世界的有形或无形的稳定的现有结构，而成为则指的是转变为某物的事件发生，是一种永久的重组和改变的过程；稳定是指事件、实体或过程的空间结构，变化则是指重新配置事件、实体或过程的过程；新颖是指作为一种新的时空和定性实体、事件或过程的质量，而均质是指事件、实体或过程的时空同质性。这些都体现了过程哲学中的存在以动态变化为前提，认为事物的发展可以按照发生阶段特征被划分为相应的时间结构序列，且每个阶段在数量上和质量上都与其他阶段有所差异。其同时强调了存在的动态性是任何有关现实和我们在此种现实中的位置的哲学描述的基础。另外，过程哲学虽然坚持现实中和现实之间的所有内容都在不断发生着变化，但其并不否认现实中存在着暂时且可靠的周期性稳定。

即从较长的时间跨度来看，过程的持续交互产生了可被定义或描述的事物或组织，而这些周期性的稳定也仅仅是事物或组织动态发展本质属性的常规行为或构成而已。此外，过程哲学具有完整的系统范围，其包括作为存在或发生的动态性、时空存在的条件、动态实体的种类、心灵与世界的关系、行动中价值观的实现。而具体到各种哲学学科所关注的具体问题，过程哲学又包括了过程本体论、过程伦理学、过程认识论、过程心理理论等类别、内容或研究范式。其基于"自然存在包括了生成模式和发生类型"的共同认知，主张物理过程、有机过程、社会过程和认知过程通过在动态组织层面之上和组织层面之间的交互作用来构成事物或世界集合体。

景观营建旨在通过系统的过程在知识与行动间建立连接，并基于规划、控制和协调等方式达成规划项目的实施与完成。即过程不是确保项目成功的唯一要素，但通过过程的方式对资源以及行动进行有组织的过程协作是保证项目有序推进的必要条件。例如，英国皇家景观规划师学会针对景观规划实践与管理，在《景观规划师手册》（*Landscape Architects Portable Handbook*）中提出了该领域的四个阶段的过程模型：第一阶段，同化或吸收过程（Assimilation），指项目一般信息和与问题具体相关信息的积累；第二阶段，一般研究过程（General Study），指问题性质的调查并研究提出可能的解决方案；第三阶段，发展过程（Development），指一种或多种正式解决方案的制订；第四阶段，沟通过程（Communication），指项目参与主体间对最终方案的选择及一致性达成 [142]。再如，2008 年，美国宾夕法尼亚大学设计学院院长弗雷德里克·施泰纳（Frederick Steiner）在《生活景观：景观规划的生态途径》（*The Living Landscape: An Ecological Approach to Landscape Planning*）一书中，以问题与机遇的识别、目标定位、区域级现状调查、局地级现状调查、详细研究、规划理念确定、景观规划方案制订、教育和公民参与、详细设计、计划和设计实施、评估反馈与管理 11 个时序过程为基础，对"规划不仅仅是一种工具或技术，其还是一种动员行动的哲学"进行了详细论述，并植根于生态学和规划的综合思维提出了景观可持续发展的逐步设计方法 [143]。弗雷德里克·施泰纳的此种生态规划模型以伊恩·L. 麦克哈格于 20 世纪 60 年代提出的生态设计和规划方法（图 2-7）为基础，不但将景观营建方案的制订过程看作一个连续的周期，承认计划的迭代性和交互性，同时以生态规划、区域规划、景观规划过程的融合为手段，进而使得景观发展与进化过程的本质属性得到淋漓尽致的展现。其他类似的还有美国规划协会（American Planning Association）以"营建是从过程的角度进行的研究和实践"为出发点，将城市营建过程定义为 9 个强烈相互关联的阶段，分别包括辨别问题和选择，陈述目标、目的，收集和解释数据，规划准备，规划实施的项目草案，评价规划和实施项目的影响，审查和采用规划，审查和采用实施项目，以及管理人实施项目 [144]（图 2-8）。

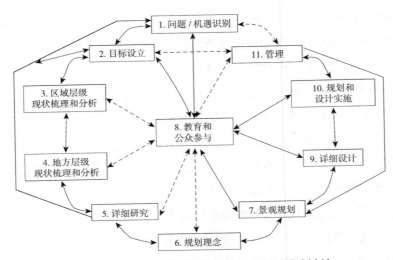

图2-7 伊恩·L.麦克哈格提出的生态设计与规划方法

来源：MCHARG I L. Design with nature[M]. New York: Natural History Press，1969.

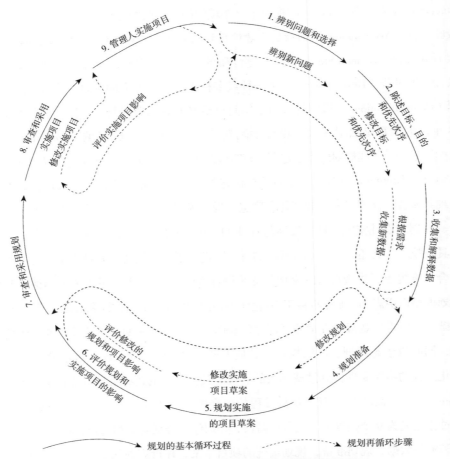

图2-8 弗雷德里克·施泰纳提出的景观营建流程与周期

来源：STEINER F，KENT B. Planning and urban design standards（student edition）[M]. Hoboken: John Wiley & Sons，2007.

2.2.2 区域景观营建的过程科学本质

营建的过程科学本质首先表现在其跨学科知识的合理组织与有效利用方面。美国学者埃里克·扬奇（Erich Jantsch）将知识划分为四个类别：目的性的知识（价值观）、规范性的知识（社会系统设计）、实用性的知识（物理技术、社会和自然生态学）和经验性的知识（物理无生命世界、物理动物世界、人类心理世界），并将跨学科性视为基于共同目的的这些知识在水平层次与垂直层次的最终合作[145]。而从营建的视角来看，一方面，营建往往是针对自然—人类环境综合交互影响的复杂对象，由于社会系统和生态系统组成部分之间的非线性相互作用和反馈，系统内部存在复杂且不可预测性，对这些复杂问题的解决方案不可能包含在单一学科的范围内，而是需要包括植物学、动物学、社会学、环境学、经济学、管理学等多方智力或学科的共同接入，方能参透问题本质，进而取得积极成效。另一方面，跨学科的解决需求必然涉及对学科非协同性的考虑。这就要求跨学科的方法承认复杂性、不确定性并拒绝知识的割裂，以各工作阶段与工作侧重点间的密切合作和沟通为导向，在科学与实践之间建立有效联系，产出关于解决社会与环境问题的综合性方案。即营建中的跨学科化要求科学过程从提供解决方案的简单研究过程转变为通过利益相关者的参与和相互学习来解决问题的社会过程。

其次，营建的过程科学本质体现在营建中规划面向的内容与协作复杂性上。从规划本身的定义来看，其侧重点不同，强调的内容则差异明显，如规划是有关做什么、如何做、何时做、谁来做的高创造性脑力与心理活动；规划是在行动之前进行的一种决策过程，旨在勾绘未来图景并针对其理想实现进行的方法路径设计；规划是基于时间、地点和资源分配考量对项目或事件预期行动路线的沟通与确认；规划是分阶段预算、实施时间表、约束条件和其他相应行动步骤的详细说明等。从规划在整个项目结构中的位置来看，规划则必须是项目的首要构成，需要对各阶段项目目标的达成进行有意识的计划与统筹（图2-9）。此外，项目规划虽然是一种基于经验的艺术，但其更有赖于所有利益相关方通力，合作方能取得理想的成果，且这种协作需要以合作过程中方法手段的合理选择为前提。因此，规划以至各详细规划领域，如景观规划、生态规划、城市规划等，都不仅是有关系统分析、程式设计、时间管理、资源统筹、组织建设、评估评价等科学管理方法的应用与创新实践，同时也是运用数学计算、逻辑推理以及相关理论来预测或模拟工作时空效能的科学决策过程。

营建的过程科学本质还体现在项目时序性优化的迭代性上。秩序和时序往往决定了时间、金钱、物资等项目投入成本的利用效率与质量。同时，随着更多信息的获得

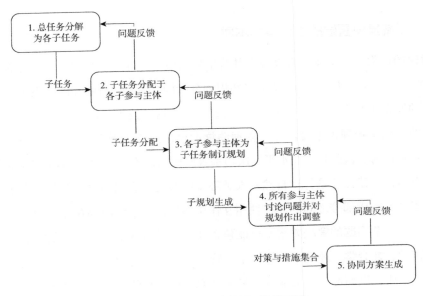

图 2-9　规划方案的统筹生成过程示意

和项目的不断推进，对原始项目方案进行一定程度的修改或修正将变得不可避免。因此，营建中的时序安排以及规划过程的迭代属性是体现营建科学性的另一核心议题。即从整体架构来看，时序安排是对营建结构网络进行量化整理和对规划事件前后发生秩序进行安排的梳理过程；而从阶段性成果达成保障机制来说，因为每个阶段的时间跨度以及任务类型和难易程度往往相异，时序安排是有关总体策略被分解后实施组分式、空间与时间单位式控制与管理的解构性手段；两者的结合应用不仅是规划原定方案得到有效实施的基础保证，同时也确实能够为以阶段性实践中发现问题为导向的项目局部或整体性规划调整预留空间与可能。

2.2.3　区域景观营建的过程美学本质

生态是生物与其环境（包括其他生物）之间影响和作用关系的总和。美学是对个人和集体所共有的价值进行最佳适应或承认的一种描述，既是有关环境认知范式的知识集合，同时也指这些知识进行传播的模式与形式。景观是在美学与生态间建立连接的主要途径，而服务生态系统的景观营建旨在以正确的生态伦理美学认知为前导，对生态系统本身的发展、进化以及人与生态系统间的交互和影响关系进行科学引导（生态美学范式示意如图 2-10 所示）。因此，景观营建的过程美学本质主要体现在营建过程的系统美与营建过程的进化美：系统美指景观营建实践过程中的目标设置路径、组织架构建设、实施程式设定、评价评估方法生成等系统过程构成具有充分的生态合理性，而进化美则意味着景观营建的参与主体在项目的起始、实施、结果生成直到之后

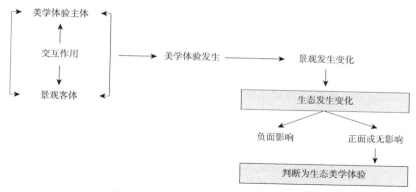

图 2-10 生态友好型的美学体验过程示意

的管理各过程中都应将其相应的实践行为作为景观良性进化进程中的一种增益行为。

简单来说，系统是由许多具有相互关联影响的变量通过一定模式或排列关系聚合而成的大尺度过程机制或整体，其效能或产出的质量高于这些变量的简单相加。即系统的独特之处不在于构成其的实际组件，而在于这些组件的组织方式。而且，其性质或属性由组件间的关系集合来定义，且每个变量都是整个系统呈现独特形式的必要条件。因此，20 世纪 60 年代以来，"系统"一词被广泛应用于科学分析领域中的组织与交流开放理论建设。许多系统性的论述、分析和美学解释在很大程度上都受到生物学家、哲学家、一般系统理论创立人路德维希·冯·贝塔朗菲（Ludwig von Bertalanffy）核心思想"进化和适应的生物过程是一系列交叉系统"的影响或启迪[146]。而在科学之外，系统理论也是对通信技术媒介中的信息流动、各学科知识解释中的模式和过程模型进行认知或理解的常用手段。即系统性的视角与思维是理解现代社会组织运作及其自然环境历史进化的一个框架，并标志了 20 世纪生物模型性思维的快速生成与大规模的传播。

系统的观点强调在有机系统和非有机系统之间建立稳定且可持续的关系。系统艺术的主要倡导者杰克·伯纳姆（Jack Burnham）将系统形容为了一个开放的、多孔的且交叉的结构，包含了与社会相关且能够对社会产生影响的所有艺术或景观实践行为、行动以及倾向。依赖于对艺术与景观系统理论的反本体论关注以及对概念性和极简主义艺术、戏剧、景观的直接批评和抵制，杰克·伯纳姆主张通过系统理论或系统美学来减少艺术、景观与真实生活之间的隔阂[147]。即在系统美学的视角下，景观系统得以过程化与解构化。系统美学作为关键催化剂，提倡并主张以过程、组分、阶段、进化的态度来审视景观的发展历程，并强调景观系统不但应视其本身是一个有组织的系统，同时还要将自身作为更广泛的景观系统中的一个有机组成部分来看待。

如果说查尔斯·达尔文（Charles Darwin）仅是现代进化论的点金石，那便严重低估了其在当代科学发展历程中所具有的重要历史地位。因为，至少从 1959 年纪念《物种起源》出版的百年庆典开始，生物学家们就无数次回到达尔文的著作中，并借其抒发自己的观点或主张。事实上，达尔文理论的核心主张除了自然选择与性选择两个被世人所熟知的方向，同时还特别强调了渐进性、渐进主义在生物或环境发展进化过程中的重要意义（图 2-11）。即进化中所谓的进化式变化往往是其他不同尺度、非进化式变化在很长一段时间内累积后达成或促发的终极效应。而回到景观营建尤其是景观营建实践的客体对象——生态系统和与生态系统相关的人来说，用渐进性作用影响的视角来观察：如果将生态系统看作一个发展进化的过程主体，则景观营建对其施加作用力则意味着这些实践行为就可能是促使生态系统发生剧烈变化的一种推力，而景观营建也相应成了生态系统整个进化历程中的一个影响过程；同理，若景观营建实践的对象是与生态系统相关的人，则受营建影响的人同时会对自己周遭的其他人、自己的下一代以及与其有关系的生态系统均发挥影响。在较长的历史图景下，其也形成了一种渐进式的进化影响过程；同理，若是把生态系统和与生态系统相关的人放在一起并基于两者间的影响关系进行类似分析，得到的也是一样的结论。即进化美强调相关实践、作用、交互对客体本身的进化历程影响是积极、正面或有所助益的，能够促进其在下一阶段的发展具有向好或可持续的预期。

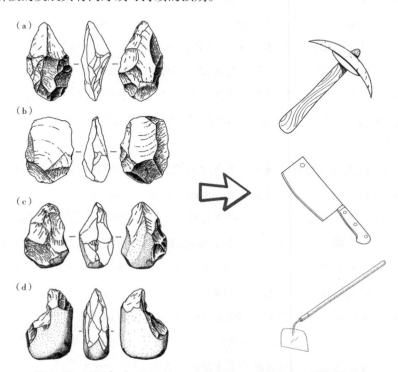

图 2-11 手斧（a）、劈刀（b、c）及锄头（d）发展中呈现的进化美学
来源：https://www.sciencedirect.com/topics/social-sciences/handaxes.

2.3　服务生态系统与区域景观营建的关系

当前自然生态系统在人类生产活动干扰或胁迫下产生了区域生态平衡失调，进而促发了越来越严重的区域生态危机。如何通过人类主观能动性的发挥，使生态系统在人类区域景观营建影响下免受干扰甚至得益，是当前区域景观营建的应有之义。由于生态系统与人的交互影响发生在美学伦理、文化沉淀以及空间格局三个层面，因此，这种以"人反哺生态系统—服务生态系统"为核心内涵的区域景观营建理应在空间营建、文化营建、伦理营建三个方面与之形成呼应（图 2-12）。

2.3.1　服务生态系统与区域景观伦理营建

人类的发展与自然生态系统紧密相连，两者间的关系体现了人类实践介入自然的程度。同时，生态环境问题直接或间接并以不同的程度影响着人类生存和发展的历史。正是人与自然生态系统的这种相关性将生态环境问题引入了生态伦理的视野。工业文明带来的生态破坏、环境污染等环境问题不仅意味着自然生态系统自身的失衡，同时也标志着人与自然间关系的不平等和失衡。因此，在保护环境的人类主观能动实践中，如何从伦理的高度重新审视人与自然生态系统之间的关系，是解决当前环境困境的关键所在。

在人与自然生态系统的关系中，人类中心主义主张：地球万物中唯一具有内在价值的存在是人，人的存续利益需求和满足是环境伦理的唯一量度因素；因此，人只对其自身承担直接的道德义务与伦理责任，而对人之外的大自然只是因人类发展所需而产生的一种间接、被动的义务与责任。人类中心主义凸显人的唯一性、目的性以及至上性的价值与地位。相较之下，自然中心论则强调自然价值对整个生态系统的重要意义。即自然对人的可利用性仅仅是自然自身具有的众多价值中的一种形式，自然还同

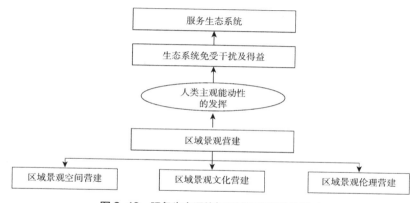

图 2-12　服务生态系统与区域景观营建的关系

时具有独立于人类的创造生命的价值，而这种价值是自然所固有的，并不以与人类相关的任何价值作参照。因此，在自然中心论看来，尽管人类是高于其他所有生物的顶端消费者，但其仍必须要在和生产者、分解者以及其他消费者的整体物质循环体系中寻求生存与发展。因此，人与其他自然生态系统中的自然存在并无本质性的生态位差异，都是平等的一员，且具有同等的生态价值意义以及道德关怀权利。

事实上，无论是人类中心主义主张还是自然中心主义主张，都有不同程度的天然局限性。前者将人类作为一种抽象且至高的唯一伦理主体，强调在人的利益优先之下来协调人与自然的关系，这显然已被当前的生态环境困局证明是不具有可行性的。而自然中心论则存在明显的自然价值主体缺位问题，其实际上把自然价值模糊化为独立于人之外的其余一切。就如霍尔姆斯·罗尔斯顿所言："在人类界定价值之前，价值就已然在自然之中了，自然价值的存在先于人类对其的认知"[148]。而事实上，价值是客体之属性对主体之需要的供需关系描述，如果缺失了主体或主体模糊不清，这种关系便难以成立。因此，人类中心主义必然将人类实践带向消极的方向并最终导致人和物间差异性的消失，从而走进为保护自然而保护自然的误区。

因此，在以人与自然间关系的梳理为主体特征的区域景观伦理营建中，有必要摒弃以上人类中心主义与自然中心论非此即彼的对立伦理观，并应充分认识到：自然不仅是自为的存在，同时其也是为人的存在以及人为的存在；而人类既是自主的存在，同时也是为人的存在与为自然的存在。即区域景观伦理的核心内涵不仅仅是维护人类生存权利，同时也应当含有尊重自然万物生存权利、保障自然生态系统健康完整之意。如此权利与义务的双向统一，才能真正指向服务生态系统的区域景观营建伦理正义。

2.3.2 服务生态系统与区域景观文化营建

人类从自然生态系统"脱胎"，但其始终无法从自然生态系统脱离或超越自然生态系统，必须将自身寄生在自然生态系统之中，才能达成可持续性的存续与不断壮大。而文化是人类在自然生态系统中构建出的一种准"生命形式"：一方面，人类社会将文化作为载体来实现其关于自然生态系统间的信息传递和沟通；另一方面，人类正是通过文化达成了自身与自然生态系统的偏离，并依靠文化实现了对自然生态系统的超越，进而以能动群体的姿态获得了相对独立于自然生态系统的生存和发展空间。而随着自然资源的急速衰竭以及生态环境问题的日益严峻，为了避免彻底摧毁自己赖以存续的自然生态系统，人类开始借由其相关文化机制来纠正对自然系统的过度偏离，进而寻求回归。而这种"回归"的探索和尝试，究其本质来看，就是文化与自然间耦合的过程。

自然生态系统和人类社会是两个并存的自组织复杂系统。自然生态系统通过一套内在且具有同一结构属性的遗传信息组织系统对其自身进行调控，使各类生命以万千姿态的形式去与不同生存环境相适应，从而塑造了以新陈代谢与世代更替为运行特征的存续形式，进而维持了生态系统总体的存续稳态。与生态系统相比较，人类社会稳态存续的关键并不在于遗传密码，而是以文化信息系统为支撑。即大到一个国家与民族，小到一个社群甚至个人，其实质上是以社会组织形式和社会规范体系的世代更替以及新陈代谢中不断建构的文化形态为基础，并通过文化间的交互制衡实现了生存的需要。但从人类文化建构是以自然生态系统作为本底的基础认知出发，我们便可以得出这样的结论：无论人类社会的文化建构多么错综复杂或千头万绪，就其终极存在与发展的指向而言，文化建构有必要与自然生态环境始终保持和谐的态势，这同时也必然是人与自然共生共荣的关键耦合形式。

景观是人类在文化的视角下对改造自然生态系统以及描述与理解自然生态系统的主要界面。区域景观文化是人类文化体系的重要组成部分，强调区域人类族群对区域景观的整体感知和社会背景因素，承载了人与自然生态系统和谐发展的观念与价值意识，是关于区域现实环境生存与理想生存模式间关系思辨的景观生态学、人文地理学以及人类学的重要内容。区域景观文化营建以人类向自然回归的必然性、人类文化与自然生态系统间耦合共生的必要性为核心内涵，将尊重自然生态法则、依循自然生态规律及保护自然生态存续作为区域发展的优先理念，能够通过将公众美学认知与生活方式引向生态，来推动区域社会生态价值共识的形成，进而达成服务生态系统的终极目标。

2.3.3 服务生态系统与区域景观空间营建

生态系统有其自身的运作机制，空间上不同生物种群有着不同的分布规律和交互作用，时间上生物物质和能量的循环流动又具有独特的运行规律。在生态环境遭受破坏的背景下，在服务生态系统的视角下，区域景观作为人类干预和改造生态系统的手段，能够在时间和空间两个层面顺应生态系统的运行规律，对生态系统进行服务性保护与修复。

首先，在空间层面，景观营建的生态空间格局控制能够服务于生态系统的生物多样性维护。在景观生态学视角下，一方面，生态空间格局指代生态系统类型的空间结构与空间分布特征，对生态系统功能空间差异产生直接影响；另一方面，空间格局对生态系统的形成、发展、分布特征以及各类生态过程与生态现象均发挥着决定性影响，并与生态系统的系统稳定性、恢复能力、干扰能力、生物多样性等均有着密切关联。生态系统空间格局在结构上可以通过斑块、廊道、基质、网络四个要素予以表达。其中，斑块是生态系统中的非线性区域。从外观来看，其与周围环境有明显区分，即在边界、大小、类型、形状及异质性等方面变化较大。同时，斑块的大小、数量、形状及模式等均具有相应的生态意义。例如，每单位面积内的斑块数量可以用来对景观的破碎化或完整性程度进行表征，进而能够对其生境状况作出评估。此外，斑块的大小不但能够对物种的分布模式及生态系统的生产力水平构成影响，其同时也对生态系统的能量与养分分布具有指示意义，如斑块面积越大，斑块生境所能支撑的物种便会越多，而物种及种群的生产力水平与丰度也相应越高。廊道是生态系统中两边都和本底有明显差异的狭带状地带，其一方面将景观中的不同部分进行区隔，对被区隔的景观而言是一个障碍物；但另一方面又把景观中不同的部分进行了连接，是一个通道。基质是生态系统中连接度最强、所占面积最大、对其结构与功能支配作用最为明显的构成要素。作为本底或背景，它支撑并控制着生境斑块之间、生境廊道之间以及斑块和廊道之间的能量与物质交换过程，并发挥缓冲或强化生境斑块和生境廊道的岛屿化效应。即基质控制着整个生态系统的连通度，对斑块以及廊道之间的物种迁移产生关键影响。最后，网络即斑块、廊道、基质在空间上的配置形式或状态。因而，通过景观营建对已遭受破坏的生态系统的斑块、廊道、基质、网络进行修复性营建，或对健康生态系统的斑块、廊道、基质、网络进行预留和进一步优化，有利于减少空间阻隔、提高物种的生存环境，从而增加生态系统的生物多样性。

其次，在时间层面，通过景观营建手段对自然生态系统进行干扰能够调整生态系统的功能失衡问题，使其健康运行。生态学视角下，对自然生态系统的干扰指能显著改变系统空间格局的离散事件，而空间格局的改变是促发自然生态系统中各自然过程因子进行重组的重要原因。干扰共包括两种类型，即自然性的干扰与人工性的干扰。前者是生态系统历史演变进程当中不可或缺的自然驱动力，能够不断促进自然生态系统发生演化更新与自组织系统形成；而后者在生产生活当中通常是不当的空间开发、改造与利用，这无疑会导致区域生态环境的恶化，进而造成生态系统功能失衡，典型案例如"将森林改造为草甸，草甸退化为荒漠"的演化路径。尽管人类干扰减少或停止后生态系统常常会进行自我修复，但其恢复的速度和恢复的程度均与所受到的干扰时间和干扰强度密切相关。因而，景观营建通过投入有利于生态系统循环规律的正向干扰或避免负向干扰，使生态系统在自然更替的时间过程中逐渐恢复原有平衡，也是从空间上服务生态系统的重要方面。

综上所述，生态学原理视角下，生态因子的空间分布格局合理是保障生态系统结构、功能以及系统完整性的关键要求。而区域景观营建是人从其主观能动性角度出发，并将空间作为实践行为发生的绝对载体，与自然生态系统间发生的交互作用或影响。因此，区域景观空间营建如何与区域生态系统空间格局形成显著的耦合关系，才是其面向服务生态系统的真正内涵。

2.4 区域景观营建协同必要性的理论支撑

2.4.1 协同的必要性解析

2.4.1.1 系统论视角必要性

系统是一组相互连接的组件。系统显示的属性是整体的属性，而不是单个组件的属性。结构是串联部分组成系统的线索或骨架并决定了系统的行为。因此，系统思维利用系统的概念来理解世界，是一种以整体性方式处理复杂事物的思维框架，系统分析是确定系统相关结构并对其组成属性进行识别的过程（图2-13）。

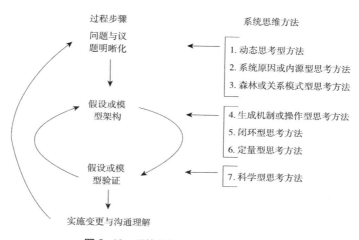

图2-13 系统分析过程与系统思维方法

勒内·笛卡儿（René Descartes）利用二元论摆脱了神学对科学的绝对控制，将人们的思想引导至理性思维和具体研究上，推动了"科学方法"发展的长足进步。但在勒内·笛卡儿有关系统的解释上：一个系统可以被分解成不同的组成部分，这样每个组成部分就都可以被当作一个实体进行分析，并且这些组成部分可以以线性添加的方式来描述系统的整体。生物学家路德维希·冯·贝塔朗菲提出了完全相反的主张：一个系统的特征是它的组成部分的相互作用和这些相互作用的非线性关系。紧接着，路德维希·冯·贝塔朗菲在20世纪30年代正式提出了系统理论的雏形，并于1951年将系统理论扩展到生物系统。其后，美国哥伦比亚大学的电气工程师洛菲·扎德（Lotfi Zadeh）将这一概念（理论）进行了较大范围的推广[149]。

系统理论旨在以建模设计的思维来对不同学科间相互影响或重叠的关系作出解释。路德维希·冯·贝塔朗菲认为，将系统的各组成部分进行单独看待便意味着将其与系统内其他组件进行了隔离，相关问题的发现、分析以及解决便均会显得片面化或碎片化，无法从系统层面对系统核心结构变化或调整需求作出回应[149]。系统理论超越了学科的界限，寻求各种经验领域中概念、原则、规章和模型的同构性，为转换和整合与特定研究领域相关的见解提供了框架，旨在通过改善学科之间的沟通来促进科学的统一。系统理论是系统的跨学科研究。一个系统是相互关联和相互依存的部分组成的聚合体。每个系统都由其空间和时间边界划定，由其环境包围和影响，由其结构、目的或性质进行描述，并通过其功能得以表达。协同作用与突现行为是衡量系统效能的两个关键属性。系统协同作用就是指两个或两个以上的不同个体或资源协同一致地完成某一目标的过程与能力。协同的结果是创造了一个整体，这个整体的效能要比系统各部分的简单相加更大或更高。突现行为意指系统的变化几乎无关乎系统组成部分本身，而在于这些组分间的相互依存关系以及排列构成形式。因此，改变系统的一部分通常会对系统的其他部分和整个系统产生影响。对于自学习和自适应的系统，其正增长和适应的质量取决于系统在其所处环境中的调整情况。另外，一些系统的功能主要在于支持其他系统的健康运行，以保证整个系统集合的正常运转。

系统论不仅强调部分与整体间的关系，同时以元素、互联、目的等特征来对系统行为形成解释（图 2-14）。系统的主要元素是库存、流量和反馈，三者间的关系表现为库存是根据流量和反馈进行信息交换的历史与记录。正是这些元素间固有的交织作用属性与这些元素间关系的可认知性使得与系统相关的平衡维持、主导地位确定、延迟与震荡观察、约束条件操作等成为可能。流量与反馈元素被统称为系统内的互联。当这些元素和互联发生在一个孤立的环境中时，其就可以被称作一个封闭的系统。例如，在系统论的视角下，每个生物本质上都是一个闭合的系统，其状态的波动取决于来自其他元素的连续流量和反馈以及其自身的焦点水平状况。系统目的是系统的行为导向元素（系统行为最重要的组成部分），旨在通过一系列时间事件来揭示系统信息在从一个事件或元素流到另一个事件或元素时所发生的交互和连接关系。了解系统中

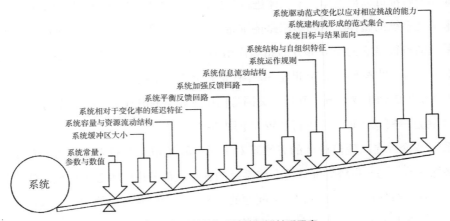

图 2-14　系统与系统特征间关系示意

元素的角色或目的将有助于对系统的互联关系或结合进行解释。同时，结合对元素的目的和功能的了解，可使人们对整个情况和环境的理解更加全面。

按照控制属性特征来看，系统可以被划分为被控系统与非控系统两个类别。在被控系统中，基于系统固有的探测器、选择器和效应器（探测器与系统间的信息交流相关，选择器由系统用于决策的规则定义，效应器是系统之间进行交易的手段）功能属性，信息被系统感知，系统变化会随着信息的变化而发生。即通信和交易是系统间能够发生的所有交互的集合，分别指代了信息、物质以及能量的交换。人类主体参与决策的作用往往在于使系统达成平衡，而通信和交易是系统实现平衡的唯一载体。而按照尺度属性特征来看，有关系统的研究包括了关于系统本身尺度和子系统（相对视角）尺度的研究。前者包括以横截面的方法来处理两个系统间的交互影响、以发展的途径来处理系统随时间的变化；后者则首先将系统视为一个完整的功能单元，向下基于归结的方法以系统内的子系统发展现状为着眼点，向上以功能主义为导向探查子系统在较大系统中所发挥的作用。

2.4.1.2 博弈论视角必要性

以 1928 年约翰·冯·诺依曼（John von Neumann）发表的论文《战略博弈理论》（*The Theory of Games of Strategy*）为标志，博弈论才真正作为一个独特的领域开始存在[150]。最初的博弈论面向的是零和博弈，即一方收益导致另一方损失的问题。20 世纪 50 年代以来，博弈论在其自身核心概念的进化以及在扩展式博弈、虚拟式博弈、重复式博弈、沙普利值（Shapley Value）等方面经历了剧烈的变革并实现了极大的发展。同时，其研究工作也从最初的零和博弈向合作博弈理论迅速转变，即分析应对个人或群体间利益关切差异的最优策略，假设各参与主体可以就合适的策略达成一致。

博弈论是"智能理性决策者之间冲突与合作的数学模型研究"以及理性抉择理论。决策论、博弈论、社会选择理论等都是判断行为主体实践或至少其决策是否理性的方法途径。决策理论以及博弈论根据对结果的偏好和对这些结果出现的可能性的信念来评估决策的合理性。两者之间的基本区别在于其看待结果可能性的方式：决策理论将所有结果都视为与"自然移动"类似的外源性或外部突发事件；相反，博弈论关注的是参与主体间相互共同作用决定结果输出的情形。即博弈论视角下，一方参与者往往将成果生成视为被其他参与者推理影响的结果，并试图通过找出自身与其他参与人间的互动关系形式来对结果可能性进行评估。在此背景下，针对结果可能性的关切成为各方参与主体面向最终目标实现思考的内源性或内因性影响因素，彼此将各方收益及理性相关纳入考虑便显得非常必然。

博弈论视角下，博弈包括博弈的参与主体、参与主体在每个决策节点上可用的信息和操作、参与主体从每个结果能够取得的收益或回报三个基本元素。从科学哲学的角度来看，博弈论具有非常特别的内在结构系统。一方面，像许多其他理论一样，博弈论采用高度抽象的模型，并试图借助这些抽象模型运作的机理与理论来对现实世界的现象进行解释和预测；另一方面，博弈论并不提供应对各种现象的通用和统一的模式，而是提供了一个类"工具箱"的思维或方法集合，供使用者、应用者从中选择与自身情况匹配的那把工具。另外，博弈论由博弈形式（矩阵和树）和一组命题（理论本身）组成。其中，命题是对博弈形式的具体定义，为博弈形式的构建提供所需的数学元素，并最终为模型问题的解决给出方案与概念。

从内容结构形式来说，博弈论中的博弈一般分为规范式与扩展式两个种类。规范式表示博弈包括了所有与博弈参与者相关的明显的和可能的策略及其相应的回报。其本身不是图形化的，可以通过矩阵来进行解释。扩展式则仅仅是一个显示收益的博弈树，并不对博弈相关的信息作出完整或不完整的提前判断。而从种类与实际问题上看，博弈论则包括了合作—非合作、对称—非对称、零和—非零和、同步—顺序等诸多类型（图2-15）。如果博弈参与主体间能够形成外部强制执行的约束性承诺（如合同），则博弈是合作属性的；但如果参与主体间不能组成联盟或者所有协议都需要自我实施，博弈就是非合作属性的。合作博弈通常通过合作博弈理论的框架进行分析。传统的非合作博弈理论侧重于预测个体参与者的行为和收益并分析纳什均衡，而合作博弈理论则侧重于预测哪些合作联盟会形成，这些联盟将要采取什么样的联合行动，以及由此会产生何种集体收益。非对称博弈意味着博弈双方或各方没有相同的策略集合。反之，在对称博弈中，特定策略的收益仅取决于参与主体所采用的其他策略，与参与主体本身的属性特征并无关系。即如果参与主体的身份发生改变而策略的回报不变，那么博弈就是对称的。零和博弈是恒和博弈的一个特例，博弈参与主体的选择既不能增加也不能减少可用资源。同时，在零和博弈中，对于每一种策略组合而言，博弈中所有参与主体的总收益总是会归结为零（各参与主体总是以牺牲他人利益为代价来达成自身的收益）。实际上，许多博弈理论家研究的博弈（包括著名的囚徒困境）都是非零和博弈，因为博弈结果的净结果往往会大于或小于零。即在非零和博弈中，一个博弈参与主体的收益不一定要与另一个博弈参与主体的损失相对应。同步博弈是参与主体同时行动的博弈。或者说，如果他们不同时行动，后来的博弈参与者就不知道早期参与者的行为。所以说，同步博弈（也称动态博弈）也可以描述为是后来博弈参与者对博弈早期行为事实有所知晓的博弈。例如，后来的博弈参与者可能知道较早的博弈参与者没有实施一个特定行为，而其实际上并不知道前期参与者到底执行了哪些其他实际行为。另外，人们通常用规范式来代表同步博弈，用扩展式来形容顺序博弈。

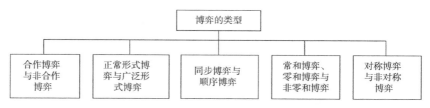

图 2-15 博弈的不同类型与特征

2.4.1.3 自组织视角必要性

《朗文英语词典》对"组织"进行了三种语义的解释：组织是系统中不同部分的排列和共同工作的方式；组织是通过计划与安排实现成功与有效；组织是为达成特定目的而成立的团体或机构。这些含义在我们当前的科学、信息、技术、文化和经济社会中都有所使用，并往往同时涵盖系统的内部与外部组织部分。一般来说，所有这些定义都意味着组织是某种秩序，旨在排除由任何原因或在任何层次下产生的随机性。"自组织"一词则由英国精神病学家、控制论创始人之一威廉·罗斯·艾什比（William Ross Ashby）于 1947 年在《自组织动态系统原理》（*Principles of the Self-organizing Dynamic System*）一文中首次提出。威廉·罗斯·艾什比认为，如果一个系统的行为随着协议长度的增加而显示出越来越多的冗余,则系统显示自组织[151]。比利时控制论家弗朗西斯·保罗·海利根（Francis Paul Heylighen）在《复杂性与自我组织性》（*Complexity and Self-organization*）一书中则将自组织性描述为：自组织是局部相互作用下整体结构的自发产生。这里的"自发"意味着没有内部或外部代理人对这一过程进行控制；且对于一个足够大的系统，任何单独的代理都可以被删除或替换,而不会对结果结构产生任何影响[152]。在某种意义上，城市尤其是早期的城市也是自组织系统自发建构或自组织动态过程持续演进的典型案例。例如，直到 19 世纪中叶，巴黎市中心仍由许多又小又拥挤的小街道构成，呈现鲜明的中世纪风貌特征。但从 1852 年开始，拿破仑三世委任奥斯曼男爵展开大规模的巴黎都市计划，圣日耳曼大道、塞瓦斯托波尔大道、埃托利广场、民族广场以及这些大道与广场两侧的新古典主义中产阶级石砌建筑相继落成，对巴黎长期自组织演变而成的城市形态构成了建城史上最有组织且最大规模的冲击（大约 2.8 万间房屋被摧毁，10 万间房屋被建成）。尽管如此，从漫长的演进历程以及高度复杂的参与元素相互交织特征来看，如巴黎一样的城市综合体仍表现出了人类社会自组织系统运作的集中体现（图 2-16、图 2-17）。

另外，克里斯·卢卡斯（Chris Lucas）从空间尺度的视角认为，自组织是在没有外部约束的情况下，系统发展逐渐从无序到有序、从大空间非稳定性到小空间可持续性演变的组织形式形成过程[153]。斯科特·卡马津（Scott Camazine）从生物的视角阐释,

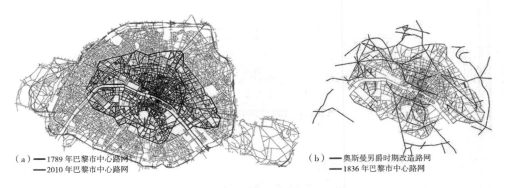

（a）——1789 年巴黎市中心路网　　　　（b）——奥斯曼男爵时期改造路网
　　　——2010 年巴黎市中心路网　　　　　　——1836 年巴黎市中心路网

图 2-16　巴黎市中心不同时期路网变化图

来源：https://www.nature.com/articles/srep02153.

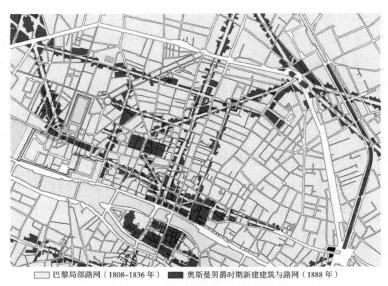

□巴黎局部路网（1808~1836 年）　　■奥斯曼男爵时期新建建筑与路网（1888 年）

图 2-17　巴黎局部建筑与路网变化示意（1808~1888 年）

来源：https://www.nature.com/articles/srep02153.

生物系统中的自组织是一个过程，在这个过程中，系统的全局级别的模式完全来自系统的较低级别组件之间的众多交互，并且系统组件之间指定交互的规则使用本地信息执行，而不参考全局模式[154]。阿尔弗雷德·诺斯·怀特黑德（Alfred North Whitehead）从社会学的角度强调，社会的自组织性依赖于能够得到广泛扩散的想法与能够被普遍理解的行为所代表的那些符号。他认为，当人类经验的某些组成部分尊重其经验的其他组成部分（前者涉及"符号"，后者构成了符号的"意义"）并引起意识、信仰、情感和习惯时，人的思维是象征性地发挥功能的。他同时强调，象征主义在所有高等生物的生活方式中都起主导作用，是促进进步或引致错误发生的主要原因[155]。M. 贝丝·L. 登普斯特（M. Beth L. Dempster）对自生和交感（集体生产）系统之间的区别进行了研究，并同时指出，人类社会中的自组织发生在不同的层次（垂直自我组织）和不同的活动或过程（水平自我组织）。即从顶层到底层，纵向自组织包括了人类—非人类的环境、社会建设、群与群落、个体四个要素间的交互作用。而在水平维度上，自组织则以文化、意识形态、政治、宗教、经济、工业、农业、教育等各种社会系统为载体得以体现。M. 贝丝·L. 登普斯特认为，以上所有的过程都是相互依存、相互影响的，且也正是垂直过程与水平过程间的此种共同进化推动了人类社会的不断发展[156]。此外，"恩格斯哲学"和"维斯森沙夫茨理论"认为：自组织指由自放大的微观波动、边界或其他给定约束条件下发生的有序宏观结构的自发形成行为；其状态本质上并不完全由其外部环境所决定，而是取决于系统的内部因素影响；自组织被视为许多秩序模式的基础，是动、植物乃至整个文明世界中的连贯行为。与之相反，复杂性和系统科学强调自组织的系统和过程性。即"自组织系统"指的是能够在外部环境下改变其内部结构和功能的一类系统；系统的某些元素能够操纵或组织同一系统的其他元素，使整个系统的结构或功能在外部环境波动影响中保持稳定。20 世纪 60 年代以来，自组织理论除了在协同学方向不断成长，同时以系统理论或控制方法、自生系统论、自我指涉性、耗散结构理论、混沌理论等为基础或视角实现了长足发展。

自我组织实现的基本机制包括协同、熵输出（耗散）、正 / 负反馈相互作用、选择性保留四个类型。德国物理学家赫尔曼·哈肯（Hermann Haken）通过对激光和其他类似现象的研究，发现了相互作用组件间明显合作（协同作用）的现象与机理，提出了"协同"的概念。即复杂系统的元素（代理、组件）在开始时仅在局地（如与其相邻的系统）进行交互，但由于代理间直接或间接的联系和相互作用，这些变化会逐渐传播到遥远的区域，最终在系统层面上形成明显的协同作用。除了激光以外，由许多相互作用的成分所促生的此种集体模式还有化学反应、分子自组装、晶体形成、自发磁化等。赫尔曼·哈肯认为，一般来说，协同状态的实现是"试错"与"相互适应"同时发生的过程[157-158]。基于时间的不可逆性是从混沌中带来秩序的机制、宏观层面上的"秩序创造"是微观层面上能量通量导致的熵耗散的一种方式的认知，伊利亚·普里戈金（Ilya Prigogine）与格雷戈里·尼科利斯（Gregoire Nicolis）揭示了系统结构的熵输出或耗散也是促进自组织实现的机制之一。他们认为，系统在某个特定的阈值以下，涨落引起的效应由于平均而减弱和消失，因而不能形成新的有序结构。系统只有在达到阈值以后，涨落才被放大产生宏观效应，进而出现新的有序结构。反之，自组织系统从环境中摄取高质量的（或可用的）能源，并同时向环境输出熵[159]。正面反馈和负面反馈间的相互作用同样是借由提高系统环境适应性来达成系统的自我组织性。即自组织通过系统组件（元素）之间以及组件之间的现有反馈循环和在较高层级上形成的结构而发生。自我组织从积极的反馈开始，最初的组织（秩序）波动被放大并迅速扩散，直到其影响到整个系统。一旦系统的所有元素都将其行为与初始波动所创建的配置"对齐"，并且系统已达到均衡状态，则无法进一步增加自组织。自组织的选择性保留机制确保系统组件交互的结果不是任意的，而是对某些情况的"偏好性"选择。如达尔文的进化论，资源的有限性与竞争的普遍性要求组织通过合理的取舍关系来维持动态平衡或稳定。

2.4.1.4　共生视角必要性

1879 年，植物学教授、现代真菌学创始人海因里希·安东·德巴里（Heinrich Anton De Bary）在他的《共生的外观》（*Die Erscheinung der Symbiose*）一书中创造了"共生"（Symbiosis）这一术语，旨在用来形容长时间共同存活并彼此间保有紧密联系的物种关系。海因里希·安东·德巴里强调，至少有一个成员必须从这种关系中获益是共生关系的核心概念。当一方受益，另一方遭受损失时，此种关系被称为寄生性共生；当两者均可以从彼此的交互作用中受益时，这种关系便可被称为互利性共生[160]。海因里希·安东·德巴里提出共生概念后的很多年，尽管以类型学来看，对共生的类别并没有一个十分清晰的划定，但科学界仍有相当一部分人把共生现象的认定严格限制为后者——互惠互利的相互作用关系。美国著名进化理论家和生物学家林恩·马古利斯（Lynn Margulis）对传统的自然主义共生观点进行了范式转换。她对新达尔文主义的某些解释持否定态度，反对以竞争为导向的进化观点，强调物种之间的共生或合作关系是进化与创新的源泉。1981 年，林恩·马古利斯在其《细胞进化中的共生现象》（*Symbiosis in Cell Evolution*）一书中指出，遗传变异是基于细菌细胞或病毒与真核细胞之间的核信息传递而发生的，不同种类间或不同种类的生物体之间的共生关系是进化的驱动力，共生的主要意义并不是对共生伙伴本身的好处，而是获得新的代谢特性的可能性[161]。安吉拉·E. 道格拉斯（Angela E. Douglas）在《共生的习性》（*The Symbiotic Habit*）中表达了与林恩·马古利斯类似的观点：共生的建立、作用是进化中持续存在的自然现象。即共生是主要进化事件的基础，生物体通过与不同物种形成持续的互惠伙伴关系（或共生关系）来应对捕食者、资源不足或其他恶劣条件的影响，进而得以存续并发展。安吉拉·E. 道格拉斯还解释了共生的进化起源和发展，并使用各种共生以及非共生的案例与关系来说明共生的原则，同时描述了以进化多样化、共同进化、共同物种形成为基础来进行生态系统管理以及促进人类健康等实践的可能性[162]。

多年来，许多研究者都在试图将各种形式的共生关系归类为一个连贯性的概念框架——通过描述共生关系中损伤或受益的程度来对共生进行度量或比较。即一个连续介质的两端分别代表了"一个共生主体以牺牲另一个共生主体的利益为代价进行存续"与"共生主体间以互利互惠为基础进行共同存续"两种极限指代。前者的共生主体是捕食者—猎物的关系,一方生命的延续取决于另一方的消费和死亡;或是宿主—寄生虫的关系,寄生虫从宿主那里进食,但它不会导致宿主死亡。第2种关系被称为偏利共生或共栖,即宿主和寄生虫已经具备了相互容忍的能力——宿主的免疫系统抑制寄生虫的过分生长或寄生主体本身能够通过限制其自身生长来避免其营养来源出现问题。前者与后者间是偏利共生或共栖的关系。在这种长期性的生物相互作用结构中,其中一个物种成员获益,包括可以从宿主物种获得营养、栖息、运动等便利,但宿主本身既没有受益也并不会受到寄生物种的损害。偏利共生往往发生于较大的宿主和较小的共生者之间:宿主具有非改性,共生物种则可能需要通过结构适应性调整来与宿主习性达成一致。例如,许多鸟类栖息在大型哺乳动物或食草动物的身体上,以其体表附着的寄生虫为食。后者的共生主体则是互惠互利的共生关系,共生体以彼此受益的交互作用来实现存续。如以澳大利亚白蚁和生活在其消化道中的原生动物为例来说,两者间共同创造了一种满足彼此需要的绝妙平衡:白蚁本身不能吸收木材的任何营养,但白蚁将木材的片段咀嚼成可以被原生动物摄取的大小,原生动物在消化这种木材时,自身提供必需的酶并将其分解成白蚁宿主可食用的形式。"损伤—受益"连续体介质的方法是描述和定义跨物种共生现象的众多方法之一(图2-18)。尽管此类方法对研究各种形式的共生关系中的相似性和多样性特征多有助益,但其本身并不能成为观察自然界中所有共生现象的一个绝对连贯的框架,仍需要在进化的背景下才能理解。

图2-18 寄生性共生与互利性共生间的转化示意

新达尔文主义学派并不认为共生现象符合达尔文的进化论。但以当前来看,共生的概念已经逐渐发展为一种积极互动的媒介。共生的理念与内涵不仅在自然科学中得到大量应用,同时在如经济学、管理学、心理学、社会学、风景园林学等学科领域也被广泛使用(图2-19)。

2.4.1.5 复杂视角必要性

复杂性是表征系统或模型行为的专用术语。同时,复杂性也是理解系统的另一个关键概念。复杂性研究在解释目标方面超越了经典科学学科的界限,是当前物理学、数学、生物学、经济学和心理学以及城乡规划学等领域的热门话题。

复杂性的思维方法与传统的方法有本质区别。传统的方法认为,行为是由许多隐藏性的成分组成的系统引起的,这些成分按顺序相互作用,就如同在机器中一样(成

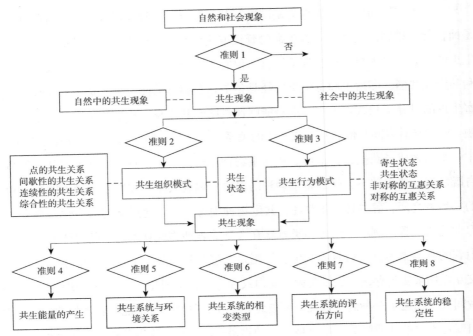

注：准则是共生系统分析的逻辑基础。

准则 1 共生现象：共生关系的形成与质量参数的相容性有密切关联，质量参数的存在是共生关系发生的基本前提。

准则 2 共生组织模式：基于共生组织的共生程度来决定共生组织的类型，共生组织模式包括点共生、间歇共生、连续共生和综合共生四个类别。

准则 3 共生行为模式：基于共生单元的行为特征来确定共生现象的特定模式，共生行为模式包括寄生、共生、非对称共生和对称共生四种关系。

准则 4 共生能量的产生：共生能量的形成是共生系统生存的基本条件，共生能量的变化影响着共生系统演化的方向和程度。

准则 5 共生系统与环境关系：共生环境是共生关系的载体，是影响共生单元的所有外部因素；共生环境主要分为三个类别：正环境、中性环境和逆环境。

准则 6 共生系统的相变类型：相变是共生系统变化的特征表现，不同的原因可以形成不同类型的相变。

准则 7 共生系统的评估方向：演化原理揭示共生系统演化的本质。

准则 8 共生系统的稳定性：共生关系具有稳定性特征，共生程度是判断共生系统稳定性的主要参数。

图 2-19 共生分析的基本逻辑

分主导动力学）。即其侧重点在于通过研究"变化"来对系统的时间演化特征进行探索。复杂性研究通常致力于寻找能够模拟各种复杂行为的简单模型（图 2-20）。而系统之所以复杂则主要体现在：即使外部条件看起来是一样的，我们也不能轻易地对系统接下来的行为进行预测；完成对系统的理解需要以大量的工作为支撑；复杂系统不容易描述的关键难点在于对其构成组分的解释。复杂性用以形容系统内组件以多种方式并遵循特定规则进行交互影响的关系集合。即复杂性通常用来描述具有许多构成部分的事物或组织关系，这些部分之间的关系与关系体制之外的其他元素的关系不同，以多种方式相互作用，并最终以比其部分简单之和更高的涌现（或称创发、突现，是一种现象，为许多小实体相互作用后产生了大实体，而这个大实体展现了组成它的小实体

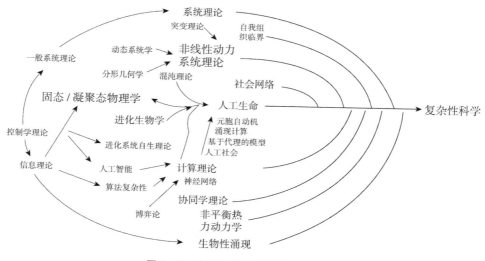

图2-20 复杂性科学的学科与理论基础

所不具有的特性）结束。因此，对不同尺度的这些复杂联系的研究是复杂系统理论的主要目标，复杂性科学是对从相互作用的对象集合中产生的现象的研究。沃伦·韦弗（Warren Weaver）于1948年提出了两种形式的复杂性：无组织的复杂性和有组织的复杂性。"无组织的复杂性"现象使用概率论和统计力学来处理，而"有组织的复杂性"应对的是逃避这些方法的现象，并面向解决"同时处理与有机整体相关联的大量因素"的问题。在沃伦·韦弗看来，解决复杂问题的一个关键在于把"随机集合中存在的大量关系方差间的直观概念区别""系统中元素之间较大或较小的关系数量"进行形式化，并创建针对关系或交互的更均匀或相关的可区分方案。无序的复杂性是由于特定的系统拥有大量的部件，虽然在"无组织的复杂性"情况下各部分的相互作用具有很大的随机性，但是可以使用概率和统计方法来理解整个系统的性质。有组织的复杂性除了部件之间的非随机或相关的交互之外别无其他。这些相关关系创建了某种差异化的结构，进而可以作为一个系统与其他系统进行交互作用。即协调系统具有不由个别部件主导或支配运行的鲜明属性。沃伦·韦弗对其后关于复杂性的思考产生了深远的影响[163]。此外，赫伯特·A.西蒙（Herbert A. Simon）从增长、发展和进化的角度，提出了复杂性的潜在复杂性和实现复杂性两个对比性概念。前者指一个系统还没有完全具有组织属性时，潜在的复杂性问题就会出现，但是组件的性质以及合适的能量流来源为开发或演化组织奠定了基础。即此时不能说系统在固定时间内的状态是复杂的，但其包含了随着时间的推移自动形成高级组织的潜力。实现复杂性着眼于在任何给定的时间点背景下系统中所有组件之间的实际连接。但是，除了原始的连接数量之外，实现复杂性还在于查看系统内部的实际结构，用来识别已经获得的功能子单元或子进程。即假设系统是递归定义的，实现复杂性便能够使得针对系统连接程度和次复杂性的度量成为可能[164]。

解释复杂性的另一种方法在于对复杂性产生的"源"和"影响关系"的理解。无序复杂性现象的出现以系统中大量构成部件的存在为基础（源），且以这些部件间缺乏相关性为必要条件。相反，有序的复杂性则是系统构成部件间以彼此交互影响关系为依托形成的某种可被推理或模型化的认知程式，且这种程式在目前或未来有可以被复制以及解析的潜力（图2-21）。即如果以生态系统的视角来看有序复杂性，则生态系统中的生物因为能够适应环境而被环境选择继续存续或发展，而选择的过程就可能是无序组织性（如无益突变）向有序组织性（如有益突变）过渡或转化的事件集合。同时，在此需要着重强调的一点是，无序复杂性与有序复杂性其实是一对相对的概念。以无序复杂性为主导特征的系统也可能存在有一定的有序性，而有序组织或事物中也会有无序事件的发生或有序向无序的逐渐转化。另外，复杂性也会因为面向领域的不同而呈现出其本身的属性特征，如在计算复杂性理论中，执行算法所需的资源数量、问题的时间复杂度、问题的空间复杂度等是决定算法是否有效的重要因素；在算法信息理论中，字符串的算法复杂度或算法熵、每个特定量度的统一复杂度、前缀复杂度、单调复杂度等是相关公理或定理建立或推导中必须明晰的基础。其他如信息处理中，复杂性是对对象传输和观察者检测的属性总数的度量；在物理系统中，复杂性是系统状态向量概率的度量；在数学中，克鲁恩—罗兹复杂性是有限半群和自动机研究中的一个重要课题；在网络理论中，复杂性是一个系统的各组成部分之间连接的丰富性的产物；在软件工程中，编程的复杂性是衡量软件各元素之间相互作用的一个度量，等等。

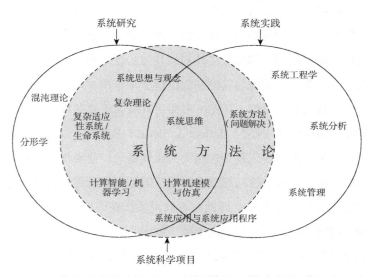

图2-21 系统研究、系统实践以及系统科学项目间复杂关系示意

2.4.1.6 科学管理的必要性

科学管理是一种对工作流程进行分析与综合的管理理论。同时，科学管理也是系统地将管理和过程改进作为一个科学问题进行系统处理的尝试之一（图2-22），其最初始的目的旨在通过劳动生产率的优化来实现经济效率的提升。尽管科学管理作为一种独立的理论或学派在20世纪30年代已经过时，但它的大部分主题如分析、合成、逻辑、理性、经验主义、职业道德、效率和消除浪费、最佳实践的标准化等仍然是当今工业工程和管理的重要组成部分。

科学管理兴起于19世纪末~20世纪初，建立在早期对经济效率的追求之上。与碎片式的民间节俭智慧相比较，科学管理理念的主要突破在于对既定传统永久化的打破，并更倾向于用经验主义的方法来确定有效的工作程序。19世纪80~90年代，弗雷德里克·温斯洛·泰勒（Frederick Winslow Taylor）以美国的制造业尤其是钢铁行业的生产管理现状为切入点，发展出了科学管理的理论。为此，科学管理有时也被称为泰勒主义。泰勒的科学管理包含四个方面的指导原则：用一种科学的方法来研究工作，并确定最有效的方法来完成任务；根据员工的能力和动机将他们与工作匹配起来，然后训练他们以最高的效率工作；监督工人的工作表现，并提供指导和监督，以确保最高效率；就管理者和员工间分配工作的方式允许管理者花时间进行相关规划和培训，同时让员工专注于所分配的任务。即泰勒旨在通过将工作中的行为过程分解成离散的、明确的单元来加以分析并控制，进而实现工作效率的提升[165]。尽管由于时代的局限性，

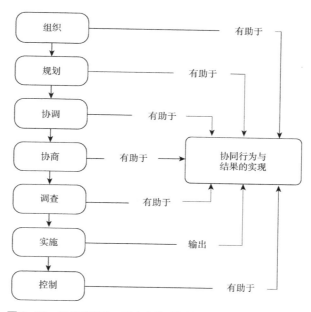

图2-22 科学管理的一般内容构成与协同结果实现间关系示意

泰勒科学管理的原始目的仅在于对工作方法进行优化，但因其所萌生的过程工程理念、此理念所倡导的将技能有序嵌入设备和过程中的主张为自动化和离岸外包以及在没有任何机械参与的情况下实现工业过程控制和数值控制提供了良好的基础。而以泰勒为起点，与工效研究、效率运动、福特主义、运营管理、运营研究、工业工程、管理科学、制造工程、物流、业务流程管理、业务流程再造、精益制造等相关的应用性研究开始迅猛发展。20世纪40~50年代，科学管理的知识体系逐渐演变为运营管理、运营研究和管理控制论等分支学科；到80年代，全面质量管理的理念已经开始风靡世界；而进入90年代时，诸如六西格玛、精益生产等新型的科学管理模式的创新性设计与应用则直接助推无数企业实现了大阔步的成长与扩张。在某种程度上，泰勒拉开了利用科学管理来实现工作过程知识创造的序幕，许多学者为此将泰勒视为知识管理的奠基人。但不可否认的是，泰勒主义在极大地提高生产效率的同时，也相应表现出了一定的负面效应。随着泰勒主义在制造业中得到普及，劳动分工变得司空见惯，工人们因为失去了与最终生产商品的联系而对工厂里单调乏味的工作感到厌倦。此外，与传统或早期人声鼎沸、生机勃勃的生产氛围相比较，科学管理下的工厂多了几分机械的冰冷与律条式的肃静，工人彼此间的温情在降低，而往日来源于产品创造的自豪感也渐渐不复存在。

2.4.2 协同学的认知

协同学作为分析并解决复杂系统难题的重要理论与方法在社会科学、管理科学以及地理科学等领域被广泛应用。协同学认为，无论一个复杂系统其情况如何，如果构成其的组分间没有合作的关系，各行其是，则系统整体必然是无序的；反之，如果复杂系统中的各组分间是有序排列、互补互惠并协同行动的，便可以形成系统自组织性以及涌现性，进而使系统发挥出整体的效应。

从萌芽状态或者混沌状态，生态系统中自发形成了无数具有高度组织性特征的空间结构、时序结构和时空结构。对人类的探索与求知渴望来说，对这些结构的解构是具有极度吸引力和最具挑战性的问题。一方面，从单细胞的生命直到人类与自然的共存，所有生命现象都是密切配合的过程；另一方面，所有过程中的组分都像齿轮一样直接或间接地进行啮合，而正是这些啮合构成了过程行为特殊性与外在表征多样性呈现的内在机制与关系。1971年，德国物理学家赫尔曼·哈肯（Hermann Haken）针对这些现象并着重由激光原理的解释提出了协同的概念，并于1976年在《协同学导论》一书中对协同理论进行了系统的论述，为20世纪60年代末协同学的发展铺平了道路。哈肯认为：

①热交换会使两个物体得到相同的温度，至少在宏观上变成完全均匀的统一体，系统发展为相对稳定的热动态平衡状态（图2-23）。但是，在自然界中绝不会观察到与此相反的过程，因此其过程只能向着一个唯一的方向进行。

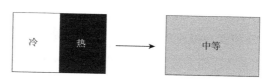

图2-23 热动态平衡过程

②当一块铁磁体被加热时，它会突然失去磁性。但当温度降低时，这块磁体会立刻重新获得磁性。即从微观的原子层来看，磁体是由许多元磁体（或称作自旋体）组成的。在高温环境下，元磁体的指向是无序的，当把它们的元磁矩加起来时，磁性会相互抵消，并不形成宏观磁矩。而在临界温度以下，元磁体排列成行，产生了宏观磁矩（图2-24）。因此，微观层次的有序是物质在宏观层次出现新特征的原因。

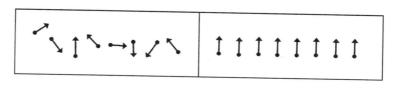

图2-24 宏观磁矩形成过程

③从数学的角度来看，激光器实验中的原子同步震荡、物种在分布与丰度间的关联性特征、对流不稳定性中的流体宏观运动以及流体动力学中的静态漩涡、动态漩涡、湍流现象等都表明，控制自组织的方程本质上是非线性的。因此，与微观描述不同，对自组织的概括性描述需要用到模式与序参量的概念。前者指的是对某种自组织形态的标记，后者则是对此种形态中序的种类与程度的描述和解释[166]。即协同学是关于理解结构是如何产生的一门科学，是协调合作之学、系统科学与系统理论，旨在展示子系统的动态特征和合作行为，属于自我组织理论的范畴。

在哈肯的观点基础上，我国学者郭治安总结出"协同形成结构、竞争促进发展"这一定律[167]。范如国把社会治理和协同论的基本思维相结合，指出社会能否协调有序发展，在很大程度上取决于"核心主体——序参量"的主导力量作用及各社会主体间的协同能力是否能够建构[168]。

组成系统的组分、组分间作用的过程，支配过程发生的原理构成了协同学研究的三个核心要素，运用协同论基本原理研究服务生态系统的区域景观营建协同特征，寻找区域景观营建相关实践、组织与管理系统的序参量因素，对搭建服务生态系统的区域景观营建过程协同机制具有重要意义。

2.4.3 区域景观营建的序参量分析

能够解释复杂系统演化过程，揭示并决定系统生发新功能、新组织、新结构的关键变量称为复杂系统的序参量。自组织意味着系统的自由度（熵）的大幅度降低，这在宏观上显示了"序"（模式—形成）的增加。这种影响深远的宏观秩序与子系统之间微观相互作用的细节无关，而是与组织或系统的序参量有关。即自组织协同学的本质是序参量的概念。协同学中的序参量表现出如下特点：

①协同学研究面向的是系统发生的宏观行为，其接入的序参量必然是宏观参量，旨在描述与解释系统的整体行为或特征；

②序参量是次级子系统整体运动的结果及对子系统合作效应进行表征的度量；

③序参量主宰着子系统的行为，并支配着系统演化的过程。因此，在复杂系统中发现并准确析出序参量，是对复杂系统协同演化过程进行探知与控制的关键。

序参量最初是在金兹堡—兰道理论（Ginzburg-Landau Theory，一种用于描述超导性的数学物理理论）中引入的，目的是描述热力学中的相变[169]。哈肯将序参量概念一般化为奴役原理。他认为：子系统往往有着自发且无规则的独立运动，但与此同时又受到其他子系统施加的相关作用，形成了子系统间彼此关联的协同运动；运动中的许多控制参量常常被划分为慢变量和快变量，其中慢变量指系统在靠近阈值或临界点时依时间变化速度或速率较慢的变量，发挥着支配系统整个演化过程的作用，决定并影响着快变量的行为。即慢变量—序参量在支配各子系统行为与促成系统自组织规律形成中居于主导地位。

为了表述得更清晰，本研究将哈肯的序参量概念另解为：

控制参量的不断变化会促成系统靠近临界点，这一过程中子系统间所形成的关联响应也会逐渐增强。而一旦控制参量进一步达到阈值，子系统间的关联便会开始发挥主导作用，并由此在系统中产生由关联所生发的子系统间协同作用，进而出现新的宏观结构或类型。因此，当子系统或构成组分处于旧结构、旧功能的非有序状态时，彼此间通常是独立运动且各自为政的，并未建立起互相协作的关系或机制，意味着不具备序参量形成的最基本条件。而一旦系统趋向于某临界点或阈值，其子系统或组成成分间的长程关联就会形成，进而产出紧密合作、协同作用的效能。序参量就是在这一过程中产生的，并成为支配或主导复杂系统演变及进化的关键性变量。所以，序参量既是所有子系统对协同运动的贡献的总和，同时也是子系统介入协同运动程度的集中体现，还是对系统有序结构出现进行表征、系统相变前后发生质的飞跃的最突出的标志。

由于服务生态系统的区域景观营建是一个复杂组织与管理实施的动态系统架构，衡量系统过程间协同效能发挥与确保协同放大效应实现的核心议题在于对系统过程建构中关键参量的厘清与确认，即进行复杂系统的序参量内容识别。研究以服务生态系统的区域景观营建综合统筹为导向，以遵循系统性（能够反映区域景观营建过程的逻辑性、整体性与层次性）、科学性（客观呈现区域景观营建过程的目标构成，真实反映影响营建过程间协同效能的博弈关系与复杂程度）、动态性（准确反映区域景观营建实践从规划到实施以及评估、反馈的动态发展过程）三个原则为保障，以生态系统的空间格局、文化沉淀、美学伦理三个固有属性为切入点，以服务生态系统的区域景观营建相关理念与理论为依据，设定区域景观生态文化营建与区域景观空间格局控制为服务生态系统的景观营建过程一级序参量，区域景观生态文化营建和区域景观空间格局控制涵盖的其他要素或组成则为此过程的二级序参量。

2.4.4 区域景观营建的协同放大效应分析

协同放大效应是产生于两个或两个以上作用物、实体、因素、物质以及过程间的一种影响或作用，其效能大于各组分单独作用的总和。各系统组成成分或子系统间为什么会生发出此种协同放大效应呢？究其原因，是由于复杂系统内部关键变量或关键因素在外环境信息、能量的作用下使物质和形态聚集达到阈值，激发系统在临界点发生质变并产出集体效能或整体效应，进而形成全新的相对稳定态与结构。我们日常生活中的协同放大效应现象随处可见。例如，哺乳动物体内含有 5000 种酶，酶的活力受到多种因素的调节与控制，从而使生物体能够适应外界条件与环境的变化，维持正常的生命活动。没有酶的参与或者缺少了某些关键种类的酶，新陈代谢会出现紊乱甚至停滞的风险，生命活动便无法继续维持；同样，如果将氧气和氢气进行混合，并使之在整体上与水具有相同的氧元素与氢元素含量比重，但若没有燃烧、电解等予以催化，两者间向彼此转化的进程便不会发生，终究还是完全不同的两类物质；再如，任何文字或词汇都是由有限的字母或者笔画组合而成，而语言则是由词汇按照一定的语法或规则协同作用形成的复杂符号系统。由此可见，生命体的存续与发展、物质的转化与化合、文化累积的传承与传播等都需要依赖其构成组分间的某种协同、协作以及合作机制来保证与实现。即协同效应不是叠加效应（两种或两种以上物质同时使用的效果等于这些物质单独使用的效果之和），也不是拮抗效应（两种或两种以上物质共同使用的效果小于这些物质单独使用的效果之和），而是人类社会中的协作互惠效应、有机化学中的协同催化效应、生物系统中的协作进化效应等。

对于服务生态系统的区域景观营建过程而言，协同放大效应就是面向目标设定一致与实施协调同步，旨在区域景观空间格局控制与区域景观生态文化营建间达成价值共享与行动合力，进而产生倍增效应与整体效能。本书以生态系统的美学伦理、文化沉淀、空间格局三个属性以及区域景观营建的哲学、科学、美学三个本质描述为背景，将服务生态系统与区域景观营建的关系分析作为基础，从协同学理论视点出发，提出服务生态系统的区域景观营建需要以协同型规划组织机制框架建设为依托，来达成两者间协同放大效应的实现。

2.4.5 区域景观营建的自组织规律分析

最早有哲学家勒内·笛卡儿（René Descartes）提出，自然系统在没有外部干预的情况下会变得更有秩序，自然的普通法则倾向于产生组织[170]；伊曼努尔·康德（Immanuel Kant）认为，自然的统一性原则是一种规律性原则，根据这一原则，自然得以建构，以符合我们对秩序的需求[171]。笛卡儿与康德都强调了自组织性在自然世界中的重要性。然而，直到20世纪50年代，自组织的科学研究才呈现出较为具体的形态与轮廓。自组织指生物系统、自然系统和社会系统在与环境交互作用过程中自身改变其结构的能力。这意味着自组织不是由环境决定的，而是一种自适应的自发性行为。换句话说，在没有外部因素帮助或影响的情况下，如果一个系统显示出更多的结构、顺序或模式特征，我们便可以说一个系统是具有自组织特征的。自组织性体现了复杂系统的主动性、内生性与自发性等特征属性，呈现了系统主动进行自我调整以适应环境变化的能力，进而允许系统能动地由非有序状向有序状演化，而非只是被动地调整与反应。

自组织行为与他组织行为相对。他组织指系统外环境对系统影响输出的组织能力与组织指令，而自组织规律则意味着系统在无外力驱动的情况下，系统内部的子系统或各组成部分依循一定潜在原理或规则发生相互影响与相互作用的自行组织、自行演化等协同效应，进而促使复杂系统从非有序态转变为有序态的发展过程。即一方面，自组织是生命、自然和社会的固有特性；另一方面，自组织概念是协同论最为核心且重要的基础支撑构成，是对复杂系统内部在空间与时间内自动形成某种有序功能与结构过程的客观性解释与描述。例如，涌现与自组织是经常被混淆的两个系统概念。涌现是从低级别到高级别的过渡。它是基于微观主体演变的宏观系统在性能和组织上的突然变化。即涌现是子系统或组成成分间以系统结构方式或功能运作规律为条件，通过彼此补充、相互作用、互相制约，进而生发出来的某种组分间结构效应或相干效应。在这个过程中，旧质常常会产生出新质。因此，尽管自组织与涌现都是关于复杂自适应系统的特征描述，但两者的区异性关系也比较明显：一方面，涌现属性的自组织系统是可能存在的；另一方面，系统中的涌现属性完全有可能是人为创造的，而非自组织的。

区域景观营建过程中协同的目的在于由序参量的主导作用，促使或激发协同放大效应的发生，进而形成区域景观生态文化营建与区域景观生态空间格局控制间协作、协调、互惠及互补的自组织机制与规律。因此，本研究从区域景观营建的过程本质出发，认为对于服务生态系统的区域景观营建过程协同效应实现而言，需要诱导与组织景观营建实践在规划组织系统框架中形成自组织规律。

2.5 本章小结

本章从美学伦理、文化沉淀、空间格局三个层面出发，对生态系统的人地关系属性特征进行了阐述。上升与回归到区域景观营建的哲学、科学、美学三个过程本质，使服务生态系统与区域景观伦理营建、服务生态系统与区域景观文化营建、服务生态系统与区域景观空间营建形成有机呼应，并结合协同的必要性解析及协同学的理论视角，共同为研究主题奠定了基础理论支撑。

第3章
服务生态系统的区域景观营建理论框架

　　1992 年，170 多个国家的代表齐聚里约热内卢地球峰会，对追求可持续发展、森林保护、生物多样性保护、防止对气候系统的危险干扰等目标达成一致。但是，26 年后，人类赖以生存的自然系统依然在持续退化。联合国环境规划署在 2018 年的报告中警告道：世界上超过 48% 的热带和亚热带森林已经消失；人类的生态足迹已经远远超出了地球的承载能力，1.6 个地球才能满足人类当前可持续发展模式下对资源的需求；随着其他物种数量的持续下降，生物多样性指数下降了 50% 以上；推动气候变化的温室气体排放几乎增加了一倍，而气候变化给人类带来的诸多负面影响也愈发突出。同时，最为可怕的是，以上这些指标恶化的速度在里约热内卢峰会前后的 20 多年里并没有得到根本的改善或有效的控制 [172]。而从中国视角来看，随着我国经济的迅猛发展以及城镇化进程的快速推进，能源和淡水短缺、水和空气污染、耕地与生物多样性流失等生态危机日益严峻，逐渐成为制约我国可持续发展的主要障碍。

　　此时，我们不禁要问：与市场经济利益驱动下的自然资源单向索取相比较，作为面向自然系统的唯一人文关怀、人与自然间矛盾调和的主要渠道与路径，与自然系统离得最近且将其作为景观实践客体时往往表现得最为"温柔"的景观规划在人地交互的过程关系中到底发挥了何种作用？显然，从全球环境不断恶化的大背景来看，答案是负面且显苍白的。

　　美国著名生态学家奥尔多·利奥波德（Aldo Leopold）在《沙乡年鉴》一书中提出："如果生态意识缺失，私利之外的许多义务就是空话。因此，如何把社会意识的尺度从人类扩展到大地，才是我们所面对的环境问题的本质 [173]。"即意识是私利以外的义务所强加不了的，公众在自身意识层面产生的对生态环境的保护与维护自觉性才是推动当下环境困局得以突破的最强力量。另外，新的区域生态文明建设格局视角下，区域生态系统结构完整与功能健康是社会、经济以及文化生活得以可持续性繁荣的基本前提与基础条件，区域景观生态安全格局的维持与维护是落实习近平总书记"绿水青山就是金山银山"重要讲话精神的首要举措。因此，公众生态美学素养的高低与对区域景观生态安全格局控制的好坏应是共同决定区域生态连续体功能能否完整与健康发挥的"软件"与"硬件"。

作为生态文明建设的核心构成，良好的生态美学素养强调人与自然环境的相互依存与共存，以尊重与保护自然为基础，以人与自然的和谐共生为目的，体现的是一种以物种保护为导向的文化自觉，反映的是与自然和自然系统良性相栖且"荣辱与共"的崇高生命共同体理念。即由日常生活方式向环境友好型方向的调整、日常认知方式向生态价值观方向的转变、日常审美偏好向生态美学方向的演进是减少人对自然进行主观性损害甚至激发其主动性关怀自然情感得以生发的重要过程。事实上，20世纪70年代就有学者呼吁：破解环境困局的力量来自普通民众，仅仅依靠创新的废物管理系统或绿色基础设施建设等战略是远远无法达成可持续发展的目标的，公众在健康环境、生态出行、能源节约、绿色经济等方面呈现的集体生态自觉才是推动整个社会与区域整体迈向深度生态的核心力量。换言之，普通民众才是与自然进行交互作用的主体；如果没有公众对生态规划策略的真心接纳与正确认知、对自然实体的自觉呵护与爱护，再优秀的景观规划都将事倍功半，而再完整的景观客体（小到一块湿地，大到一个生境系统）也会面临被破坏或侵害的巨大风险。

在区域生态空间的视角下，由于生态系统是一种不能永久分配的自然资源，而人类对有形生物资源和无形生态资产的需求最终完全依赖于自然生态系统的供给和维护，其服务功能的破坏将使人类失去生命维持系统的基础。因此，保障与维护区域景观生态安全格局不但是区域生态系统结构、功能和过程完整性维持的基本路径，同时也能够有效拉动与实现对生态环境问题的有效控制和持续改善。生态安全是指生态系统的结构、功能和生态过程不受任何威胁，并能够以足够的生态系统服务供应来支撑社会经济系统的可持续性发展。生态安全格局的构建源于景观生态规划，而景观规划为区域生态安全问题提供了空间解决方案。因此，区域生态安全是对地区生态系统健康发展与稳定演化的有效表征与综合描述。而对生态安全格局的规划不但是达成区域生态安全的重要保障，同时也是避免走入碎片式保护并有效阻止片段式破坏的核心路径。

3.1 问题提出与解决路径概述

3.1.1 区域景观营建中生态文化建设的滞后

当前，我国生态文明建设正处在负重前行、压力叠加的重要时期，共建区域生态文明需要每一个普通民众的积极参与。公众的生态美学素养水平能够直接反映社会生态文明建设水平的高低，实践和行动采取可持续、以生态为基础的生活方式以及通过集体环境责任关注环境共同利益是驱动当前环境困局发生根本性变革的核心推力。即如果将精英属性的区域景观生态空间格局控制看作决定区域景观生态功能能否完整与健康发挥的"硬件"，那么公众属性的区域景观生态文化营建便是保障区域景观生态功能能否完整与健康发挥的"软件"。

公众的环境价值观、对自然环境的认知程度以及与生态环境相关的生活方式、社会关系、行为模式等都是对区域生态文化进行表征的重要指标，对区域生态文明的建设结果有直接影响。即一方面，生态文化是人与自然和谐共存、协同发展的公众型文化，对生态文明建设发挥支撑和支柱作用；另一方面，人民群众始终是社会实践的主体，理应是生态文明建设的驱动力和监督者。公众属性的生态文化建设不仅是区域先进文化发展的源动力，同时也是推动区域绿色发展的向心力。我国新时期生态文明建设应以人民群众为参与主体，只有人民群众广泛参与，生态文明的构想才能实现和完善。

长期以来，在我国实质性的区域景观规划实践中，尤其在区域景观生态规划的层面上，轻文化、重空间的"单条腿走路"模式往往占据着主导地位。即在区域景观的生态化营建中，"生态文化建设"的缺位是当前我国区域景观规划组织系统的主要顶层设计缺陷，导致我国民众的生态素养与生态自觉整体水平偏低，以及民众生态素养形成的外生驱动力不足等问题比较突出。因此，面向服务生态系统的区域景观营建，"规划主体与行政主体垄断"型的精英式区域生态管制模式已与新形势下我国对生态文明建设的基本要求不相吻合，构建以"区域景观生态文化营建"和"区域景观生态空间格局控制"为主旨的双通路式区域景观规划组织系统，才是真正推动当下生态文明共建的时代内容与创新。

3.1.2 区域景观营建中生态过程属性的缺失

越规划人地矛盾越突出是当前景观规划实践诸多挑战与困境当中的核心议题。人类中心主义思维长期影响下，人类有以自然环境破坏为代价进行经济利益追逐的固有顽疾。同时，当前纷繁芜杂的贴有"生态"标签的各种景观规划设计、景观规划理念在空间、生态两个层面分化发展的特征仍旧十分明显，生态经验主义设计、生态表现主义思维以及非过程式、非演变式等僵化、图化、短视、静态的景观规划思维模式往往为主导，而真正以生态实证导向、科学生态知识严谨应用、自然过程发生属性为基础的深度生态规划实践却严重滞后。另外，景观规划主体、景观修复主体事实上往往都以行政区划或辖区管制所达、经济或社会效益控制边界（自己的"一亩三分地"）为其项目实际范围界限进行实践，自然过程必须连续以及区域生态网络必须完整等生态可持续思维模式依然相当薄弱，人为地加剧了对区域生态网络系统的切割与碎化。因此，面向区域景观的生态化营建，"过程属性"的缺失是区域景观生态空间格局控制的主要短板。

空间格局与生态过程是表征区域景观生态属性的两个重要指标。同时，空间格局是生态过程发生的载体，而空间格局的变化又会导致相关生态过程发生改变；而生态过程本身包含有塑造空间格局的内部机制与相应驱动力，其发生改变或受到影响也会使空间格局发生一系列的响应性变化。即区域景观空间格局与生态过程两者间彼此作用，推动着景观的整体动态与发展。

景观研究与实践的大多数客体，尤指与提供生态系统服务密切相关的区域景观系统，都在比人类寿命长得多的时间尺度上进行进化与演化。即景观是时间与空间的交互作用与历史沉积，具有动态变化与不断演化的鲜明属性。另外，自然生态系统是经年累月不断调整以及自我循环达成的一种稳定态，往往具有健康且完整的生态过程运作内部机制与机理。因此，顺应自然、尊重自然的规律是人类得以合理化利用空间资源中所应秉持的基本态度与伦理。即科学的区域景观生态空间格局控制必然首先要将其自身作为良性增益或至少是无害化因应景观客体历史演进进程的一个过程片段，并积极指向达成维护、保障，或至少是无负面化影响景观客体存续发展的需要。因此，面向服务生态系统的区域景观营建，本研究将具有人类能动属性的区域空间利用与开发表征为区域景观的空间格局控制，提出能与区域生态过程进行适应性耦合的区域景观空间格局控制才是区域景观生态化营建的真正空间生态内涵。

3.1.3 协同性区域景观营建组织系统的缺位

3.1.3.1 现状区域规划组织系统对生态文化建设的忽视

面向区域景观的可持续性发展与演变，区域景观生态文化的营建与区域景观生态空间格局的控制同等重要，缺一不可。

从基本概念解读来看，我国广义的区域规划是对一定区域建设与发展目标的整体性统筹，旨在为区域城市生产力布局及发展方向提供政策与实践依据；狭义的区域规划主要与某一地区的土地开发整治相关，旨在对其建设布局进行总体部署与规划。而从主要任务来看，我国的区域规划内容包括：有效利用资源，合理配置城市居住区和生产力；以当地条件为基础，促进区域经济发展，全面协调区域布局；提升经济效益和社会效益，保持良好的生态环境。显然，我国区域规划相关概念与任务中并未对区域文化建设有所提及，其核心意义在于对区域经济发展的战略、空间布局以及结构调整的重点和方向进行综合统筹。

其他区域尺度的概念与实践如区域景观规划、区域生态规划也对区域文化建设未有涉及。区域景观规划旨在对具有特定景观内聚力或优势资源的地区进行规划部署，以便从全局着手，合理统筹并安排区域的发展，克服地方利益或行政管辖背景下条块分割所导致的区域生境破碎和总体效益受损，继而实现保护环境资源和生态平衡。区域生态规划以生态学原理为指导，对城市发展所依赖的流域、区域或政域内的景观生态格局、生态演替过程、基础生态因子和生态服务功能进行系统分析，辨识区域发展的利导和限制因子、生态敏感和适宜性区域，开展生态功能区划，为区域未来可能的社会经济发展提出控制性和诱导性的资源利用、环境保护与生态建设战略和措施。

因此，当前我国区域景观营建组织规划系统中对生态文化建设的忽视，导致区域生态文化培育与生态空间营建间协同效应发挥的平台缺失。

3.1.3.2　协同性区域景观营建组织系统的建设必要性

普通民众（公众层）在对待自然景观资源时所具有的生态素养与行政部门和规划机构（精英层）对区域景观的专业性管控是区域景观营建面向服务生态系统的两个核心考虑要素。前者反映了审美主体对人与自然间各种关系的认知与理解，主导着人在自然世界中表现出何种行为模式或特征（在与自然世界的互动中对自然生态系统本身的发展模式产生生态有利或生态不利的影响），并间接表达了意识主体对自然世界（意识客体）的价值论立场。即无论景观美学客体是纯自然状态的荒野，还是受人类影响密集的半自然型生态基础设施，如若景观体验主体对其施加的影响是非生态的、非真生态的抑或生态非正确的，则任何景观客体都会面临初始或进一步遭受破坏的极大风险。另外，超越公众生态素养的尺度与格局局限性，区域性的景观生态安全格局控制及呈现不仅是保证公众生态审美意识发展能够得到良性熏陶以及夯实生态友好型环境气氛营建的先导与基础，同时也是保障区域社会经济良性发展与自然环境系统健康演进间和谐关系得以可持续性维持的主要渠道。而反过来，高水准的公众生态素养又是对区域景观生态安全进行呵护、维持以及监管的重要动能与推力，两者间的良性影响与互相促进是面向突围当下"越规划生态环境问题越严峻"困境的根本路径。即公众景观生态审美素养与区域景观生态空间格局的密切关联性决定了"服务生态系统的区域景观生态文化营建——面向公众生态意识提升"与"服务生态系统的区域景观空间格局控制——面向区域生态空间格局改善"在协同性建设方面的必要性。而"协同性"建设将是保障区域景观生态文化营建向区域景观生态空间格局控制适应性嵌入的主要突破口。

3.2 服务生态系统的区域景观营建理念

3.2.1 服务生态系统的区域景观营建生态伦理观

伦理学或道德哲学是哲学的一个分支，涉及对正确和错误行为概念的系统化、辩护以及推荐。服务生态系统的区域景观营建生态伦理观基于环境伦理学而建立。

环境伦理学的领域涉及人类与自然环境的伦理关系，其最初使命便在于面对环境问题时来界定我们应该或必须承担的道德义务。换句话说，环境伦理学面向人类的基本关切包括两方面内容：人类对环境的责任是什么，以及为什么是这些责任。1962 年蕾切尔·卡逊（Rechal Carson）的《寂静的春天》（*Silent Spring*）发表后，环境伦理学得到进一步研究，并分化为不同类别。其中，与人类中心论的环境伦理观相反，以自然价值论为核心的环境伦理学相信自然生态系统有其客观存在的自身价值，而不应以人的主观偏好决定它的价值，因此身处并时刻利用生态系统的人类有责任促进其恢复、完整和稳定 [174]。这将人类的道德关怀扩展到了整个生态环境领域，符合服务生态系统的价值观。因此，以环境伦理学的自然价值论为基础，将服务生态系统视域下的生态伦理观归纳为以下六点。

3.2.1.1 代际正义

工业革命以来，环境污染、资源耗竭、气候暖化、生物多样性锐减等问题在威胁人类健康存在与可持续繁衍的同时，也深度激发了人类对周遭环境对人类影响模式以及程度的不断反思。一方面，不可否认，许多环境问题，如气候变化和资源枯竭，相较于当代，将会对未来世代的发展产生更为负面的制约；另一方面，很明显，我们当代人制定的政策、采取的行动将对未来世代的福祉产生深远的影响。所以，环境道德地位的延展对人类未来世代生存与发展所必须依赖的环境条件表达了积极关切。另外，对环境伦理学尤其重要的是，未来世代究竟该怎样看待我们现今所采取的"毁坏性"的环境政策以及对我们当前奉行的环境道德义务准则如何进行合理的反思，都需要进一步的深思与辩证 [175]。

虽然我们对未来世代的情况知之甚少，但依然可以尝试去做一些合理的假设：无论未来情境如何改变或转换，未来世代对某些资源，如粮食、水、空气等的基础需求是不会出现根本性变化的 [176]。因此，当前世代对未来世代所承担的环境义务或许至少可以表述为保证他们基本的需求不受影响。这同可持续发展所表达的代际正义"既满足当代人的需求，又不损害后代人满足其需要"的人与自然协调发展类似，却以服务自然的长远目标为中心。

3.2.1.2 生命正义

一直以来，动物实体存在既是自然环境的重要组分，同时也是环保关注的焦点对象，所以动物福祉、动物权利等议题与环境伦理学有着千丝万缕的联系。而且，道德地位向动物实体的延伸势必带来特别类型环境义务的规划与制定。延展之下，当我们考虑自己的行为对环境的影响时，不应该仅仅评估这些行为对人类的影响，同时也应该考虑其如何对动物的利益和权利形成影响（现在或将来）。动物权利理论哲学家汤姆·里根（Tom Regan）教授认为，道德地位应在所有生命主体中得到承认，即所有具有信念、欲望、知觉、记忆、情绪、未来感、行动力等特征的存在都应该涵盖在环境道德所指的意义下。无论所指实体对其他存在的好处是什么，它们对某些终极道德规范的贡献到底几何，所有具有生命主体性质的实体都具有内在的价值[177-178]。因此，针对一个生命主体的所有行为都应该受到道德限制的约束。道德限制的关键在于对权利的尊重与敬畏，任何具有生命主体特征的实体都是神圣不可侵犯的。

当然，如包括 J. 贝尔德·卡利科特（J. Baird Callicott）、马克·萨戈夫（Mark Sagoff）等在内的许多环境哲学家担心以动物为中心的伦理学存在两个根本性的问题：太狭隘的利己主义思维与对自然过程的不合理的干涉。同时，两位学者均强调，动物实体与其他自然实体间的冲突明显正常存在并不可避免，若事态有恶化，抱守动物中心论的伦理学家势必向个别动物实体进行倾向性关切，为生态结构失衡带来潜在风险[179-180]。这也是服务生态系统视域下维护生命正义的生态伦理观所应避免的，尊重生命主体权益并不意味着过多干涉个别动物实体，而是在尊重自然规律的基础上，在必要时进行科学的适度干预。

3.2.1.3 土地正义

土地不仅仅是土壤，同时也是能量的源泉，生物圈的一切能量流动和生物之间的复杂关系结构都基于土壤。当食物链从土壤中向上传导能量时，死亡和腐烂将能量回馈给土壤。土地伦理学认为，人类不能再把土地当作纯粹的资源。因此，为了维护基于土地的自然关系，保障生态系统中能量的正常流动，人类必须走向土地伦理：赋予整体的土地共同体道德地位，而非该体系中的个别构成。同时，人类如何看待土地问题的本质不在于土地所拥有的何种特性和价值使土地应被给予道德地位，而是我们到底如何来看待这片土地。在这种情况下，土地伦理可以被看作一种劝诫，将我们的道德情感扩展到利己之外，超越人类，包括整个土地及其所孕育的生物群落。这也是服务生态系统视域下区域景观营建对待土地应遵守的生态伦理观。

3.2.1.4 生态正义

长期以来，以人类为中心、关注污染与资源消耗的浅层生态学一直被认为是环境保护主义的主流。与之相反，深层生态学反对人类中心主义，并采取全域的视角来审视生态议题，是服务生态系统视域下区域景观营建所应倡导的生态伦理观。挪威著名哲学家、深层生态学的创始人阿恩·内斯（Arne Næss）认为，深层生态学家提倡发展一种新的生态哲学或生态智慧来取代现代工业社会中大行其道的破坏性哲学[181]。尽管基于深层生态学产生的各类生态哲学多种多样，但阿恩·内斯与其伙伴乔治·赛欣斯（George Sessions）于1984年共同编制的支撑深层生态学基础的八项原则或主张，可以用来清晰地表述景观生态营建对待生态环境时所应秉持的伦理观：①人类与非人类生命在地球上的福祉及繁荣均具有价值（固有价值或内在价值），且非人类的价值并不以其对满足人类期望的有用性为前提；②政策对基本的技术、经济和生活等的意识形态结构构成深远影响，有必要对当前的政策进行应时调整与变革；③满足重要需要除外，人类不应该且没有权利让自然生态系统丰富性和多样性受到损害；④生命形式的多样性和丰富度有助于人类价值的实现，其本身价值应得到人类的尊重；⑤意识形态的变化主要在于对（富于内在价值的）生活质量的赞赏，而不在于对越来越高的生活水平的坚持；⑥目前人类对非人类世界的干扰是过度的，情况正在迅速恶化；⑦赞成上述主张的人有直接或间接的义务来实施必要的变更[182]。

3.2.1.5 恢复正义

生态系统退化大背景下，许多生态系统已丧失了自我修复的能力或潜力，其恢复便尤其需要除生态系统本身之外的其他干预的正确介入。因此，统筹生态科学各领域研究内容、解决有机体与生态环境之间关系修复和重建是区域景观营建生态伦理思考的另一重要问题。了解进而消除或减少生态系统退化的影响因素，使其通过自然过程进行自我修复，是当前生态系统普遍遭受破坏背景下区域景观营建实践的首要意识与基础原则[183]，也是人类对其行为结果应尽的修复责任和义务。参照恢复生态学理论对生态恢复的定义，区域景观营建时应通过景观局部生境和系统级别的结构与空间格局和系统的动态功能特性来维持典型的生物组合并支持其生态功能发挥，并最终使"恢复的系统有自我维持的潜力"。即达到景观和环境背景条件以及生物、物质和能量交换等机制的改善或修复，系统的可持续运作需要很少或者几乎不再需要人工的干预或维护的状态[184]。

3.2.1.6 历史正义

从直接的物理影响（如伐木）一直到诸如全球气候变化等间接后果，人类活动及其所产生的影响不胜枚举。除了对事件发生时产生的即时性影响的关注，我们更应该将视域拉伸或延展到事件发生所引致的自然过程运作数十年甚至数百年后对相应生态系统功能与结构带来的持久性后果[185]。美国景观和生态学家莫妮卡·G.特纳（Monica G. Turner）等认为，了解时间与空间驱动作用和影响是促进景观尺度下对生态系统服务供应深刻理解的重要着力点。过往的土地利用必然对生态系统结构、功能和生物区系产生影响。因此，当代的与历史的土地利用模式都对生态系统服务供应产生影响。尤其当生态系统服务产出在本质上便属于缓慢的生态过程时，与其相关的土地利用遗产分析便显得尤为重要[186]。可以说，场地历史深深地嵌入所有生态系统的功能与结构当中，环境史学是生态科学不可分割的组成部分。

因此，在服务生态系统视域下的区域景观营建中，正确认识人类过往活动与自然干扰历史对生态系统与景观实体在结构、组成和功能等方面的演化发展路径的影响具有非常重要的意义。一方面，从规划实践角度来看，历史是景观属性的核心组成。自然干扰与土地利用分别或共同塑造出景观当前的外部与内在特征形态。历史的视野有利于针对景观规划客体展开尽可能清晰的解释与剖析，进而为下一步确定规划实施要采用何种工具或方法以及最终达成哪些现实目标提供支撑。了解包括土地利用在内的相关历史进程在空间与时间上对当前景观模式形成的驱动影响程度理应成为景观规划、管理联系实践的特别关切。另一方面，历史研究可以有效地帮助规划或管理工作者保持清醒意识。

3.2.2　服务生态系统的区域景观营建生态美学观

环境美学与生态美学是区域景观营建生态美学观的主要支撑。环境美学是哲学研究的重要领域。从 20 世纪后期开始，环境美学的基本立场从最初的关注自然环境扩展到考虑人类和人类影响下的环境，并不断发展，将有关日常生活的美学研究也囊括在内。而生态美学学科涉及对自然环境与建成环境的美学欣赏，是美学最广泛的范畴。随着环境问题日益受到关注，人们对自然美学及其与建筑环境的关系产生了新的兴趣。当今的生态美学理论不但整合了包括自然美学、生态系统、园林和景观建筑、环境和大地艺术、建筑和城市规划等领域在内的诸多知识，而且对适用于这些不同领域的审美方式间的关系进行充分考虑，此种延伸也同时形成了对传统审美范畴和美学理论核心原则的重新审视。在服务生态系统的视域下，区域景观营建时应融合环境美学与生态美学观点中所涵盖的参与美学、科学认知主义、纯粹自然主义、进化生态学等观点，建立一套有利于生态系统健康发展的生态美学观，并将其应用到普通民众的自然审美培育和区域景观规划设计当中。

3.2.2.1　感性体悟美

感性体悟美意在让欣赏者切身参与到自然环境中，通过非认知地与环境接触、对自然敞开心扉直接体悟大自然的四时景观变化，关注景观的形式与色彩的特征便可获得心理上的愉悦，是一种本能的自然体验。环境美学中的参与美学就强调了自然环境的情境维度和鉴赏者对自然的多感官体验。通过参与，人类感知者不但有嵌入审美环境中的鲜明特征，而且以积极、专注和多感官的方式持续与之进行互动[187]。例如，在郊野公园中漫步或小跑必然是结合视觉、气味、声音、触觉等环境因素刺激的融合性美学体验，让欣赏者沉浸在自然环境中，并尽可能地缩小自己和自然界之间的距离。即恰当的审美体验在于使欣赏者完全沉浸在欣赏的对象之中[188]。同时，环境美学的其他非认知（感性体悟）视角的生态美学观也有利于服务生态视角下的区域景观营建。例如，唤醒模型（Arousal Model）认为，我们只要对自然敞开心扉，便能够欣赏自然的美[189]。大自然自身本质上是陌生的、超然的、遥远的及不可知的，适当的自然体验包含了一种与自然分离的情愫和不属于它的感觉，即一种充满感激却不理解的状态所衍生的神秘感[190]。根据这种解释，想象力将自然解释为揭示形而上学的见解，来洞悉生命的意义、人类的处境或我们在宇宙中的地位等。

因此，这种立场包括我们与自然接触时有时会产生的那些抽象的冥想和对终极现实的沉思[191]，易于使人类产生对自然的热爱和敬仰之情，从而产生保护自然生态的情感动机。

3.2.2.2 科学认知美

科学认知自然背后的复杂机理和生态系统的层次结构，有助于感悟大自然的鬼斧神工之美和由衷生出敬畏之情，这也是区域景观营建的生态美学观。环境美学和生态美学都认为，知识和关于欣赏对象的性质的信息是美学欣赏的核心，对自然的审美鉴赏要求具有自然历史如地质学、生物学和生态学的知识来提供必要支撑[192-193]。简言之，科学认知视角下，适当地、美学地欣赏自然，就其本身来说，就是以自然的自然科学特征为切入点、针对自然进行的美学体验或鉴赏行为。此外，环境美学的代表人物艾伦·卡尔森（Allen Carlson）认为，科学的美学认知主义由以下几个不同的从属思想构成。第一，审美认知论。正确的审美要求有对审美对象的相关知识作为基础。延伸到以自然为对象的美学欣赏，则意味着仅当我们对自然的本质有适当的了解时，我们才能对自然的美作出恰当的评判与欣赏。第二，历史支撑论。例如，艺术史为针对艺术作品的正确品评提供必要的视野，自然历史同样为针对自然的美学评价提供科学知识。第三，科学决定论。科学进展尤其以当代生态学、生物学所达成的认知高度决定了一个时代对自然整体的理解与行为态度[194]。

因此，自然科学让人类获知生态系统的多样性与丰富性之美、运行机制的复杂精妙之美，以及生命的坚毅之美等，将有助于人类从自然中得到更多的美感享受，是服务系统视角下区域生态文化营建应面向公众重点培育的生态美学观。

3.2.2.3 纯粹自然美

服务生态系统视角下的区域景观营建应强调未经加工的、纯粹自然的生态美学观，以提升民众对自然美的喜爱，以减少为景观产生"风景如画"的艺术美感而对自然界进行的干预和破坏。自然世界中的客观实体永远是审美体验或美学享受发生的先决条件，没有自然的存在也就没有美学发生的前提或基础[195]。罗纳德·赫伯恩指出，对自然的认真欣赏要求其不仅可以适应自然的不确定和变化的特性，而且还需要人类主体的多感官经验和具有差异化特征属性的理解[196]。斯坦·戈德洛维奇（Stan Godlovitch）认为，将自然置于人类的感知范围与尺度之下是对自然的严重贬低，因此唐纳德·克劳福德（Donald Crawford）所称的"纯粹的自然"不受人类任何形式的影响，同时排除与人类相关的如组织关系、艺术品及文化等产品，这才是美学体验的至高点[197]。

因此，有关"原始的、未开发的自然具有完整的或主要的美学品质"，即如果将自然的欣赏与科学的知识联系起来并致力于用科学的世界观来培育积极的审美意识，那么这种世界观（如秩序、平衡、统一和和谐）就会越来越将自然世界解释为具有积极美学品质的客体[198]。源于纯粹自然所带来的感动与欣赏，使人产生对自然的珍视情感，有助于公众对服务生态系统的美学观念的形成。

3.2.2.4 进化生态美

对表象的自然美感欣赏而言，对于进化生态美的理解并非必要。而对于服务生态系统视角下的区域景观欣赏，物竞天择、弱肉强食、物质循环、能量流动等关于进化生态美的认知则有助于人们"在以前无法看到美的地方看到美"[199]。例如，基于传统的审美模式，在野外看见苍蝇围绕着腐烂的动物尸体会让多数人作呕。但对生态系统来说，动物尸体腐败分解并重归土壤，其养分回归自然，物质和能量的循环将再一次开始。与之类似，动物捕食虽看似残忍，却是生物链中习以为常的自然循环，也是物竞天择、适者生存的进化法则。因此，从生态系统的长远发展来看，这些表面的丑陋变得柔和了，并对生态系统的美作出贡献。若能从生态的角度去欣赏自然，则自然全美，都应该被保护，进化生态美也将成为区域景观营建的重要生态美学观之一。此外,生态活力论则认为，自然中无论是植物还是动物都遵循"前进演化"的目的论法则，趋向更复杂或更完美的稳定结构发展与进化[200]。此种大自然筛选更精妙物种，造就生物多样性与丰富性的进化过程也具有强烈的生态美。

可以说，是否或者在多大程度上认知周遭环境中的生态运作过程或模式，不但决定人们发现或评判美的视角，而且在激发环境保护行为、促发自主环境忧患意识等方面影响巨大。进化生态美是纯粹自然美的进阶，让人们透过表象看到生态系统的本质美，是区域景观营建生态美学观的最高层级。

3.2.3 服务生态系统的区域景观营建生态空间观

服务生态系统的区域景观营建生态空间观源于景观生态学。作为一种改进空间格局与生态过程关系的科学和艺术[201]，景观生态学将地理学家的空间方法与生态学家的功能方法结合起来，以空间格局、生态学过程和规模尺度之间的关系为核心，解决大规模生态和环境问题。其特征是在研究内容方面，关注空间异质性的发展和动态、跨异质景观的时空交互和交流、空间异质性对生物和非生物过程的影响以及空间异质性的管理；强调空间格局与生态过程间的交互作用，旨在对跨越不同尺度范围的空间异质性原因和结果进行解析；了解生态现象中模式的发展与动态、干扰在生态系统中的作用、生态事件的特征时空尺度。在研究尺度方面，景观生态学通常关注比传统生态学研究范围大得多的空间区段，旨在以区域景观的视角来阐述空间配置对生态过程的重要性。景观生态学的价值取向符合服务生态系统视角对待生态和空间的价值理念。因此，服务生态系统视角下的区域景观营建生态空间观基于景观生态学理念而建立。

3.2.3.1 物种导向

服务生态系统意味着区域景观营建应维持物种多样性，在空间规划时进行科学的植被生境和动物栖息地划分。而对空间关系的理解是了解种群动态模式关系的前提。植物社会学认为，由于海拔高度不同，且受不同温度、湿度及日照时长的影响，形成了差异非常明显的植被空间分布格局；复杂的类型植被系统在垂直轴上依次排列，而水平轴则代表了从潮湿封闭到干燥暴露的逐渐转变。这种自然植被梯度分布的简单二维图解是最早的植物梯度空间分布分析模型，也是对"生态系统与空间分布的环境因子相互作用形成了不同的空间模式与结构"的最初理解。理论种群生物学认为，资源配置为同质时，生态过程本身可以产生复杂的模式，但异质的生态资源配置更能够使得种群交互作用保持稳定。

同时，学术界对空间效应方面的关注使得与各类型空间格局对应的生物与非生物理论研究模板不断涌现。这些模板都涵盖了三个必要的元素：微生境、土壤等的差异性造就了区域景观的地域独特性；区域景观中不同的生态位正处在从局部干扰中恢复的不同阶段；区域景观中不同的生物在不同环境条件下的差异运动导致了斑块性。

综合以上理论，可以总结认为，空间格局可以影响种群的稳定性和大小，而在空间和时间上对资源的扩散与延展能够有效地促进种群进行分散并强化其持久性。因此，物种导向是对区域生态空间格局进行认知实践和区域景观营建的基本指针，也是区域景观营建应持有的最基本的生态空间观。

3.2.3.2 尺度合理

尺度与范围选择是面向理解区域空间生态问题的核心要素。尺度在生物学上指的是一个物体或者一个过程的空间或时间维度，两者之间具有明显的不同。例如，有机体、同类群、种群、群落和生物群落，每个生物阶层结构内部都会有各种各样的过程发生，而所有的过程都有其自己的空间和时间尺度。某一特定物种的种群可能占据一定数量的空间，在一定的距离范围内移动或分散，并在特征时间内进行繁殖。因而，没有一个单一的时空维度适合研究所有的生态问题，有些问题需要关注单个生物体及其对当地条件的生理反应，而其他问题需要在广泛的空间范围来研究物种分布随时间如何变化。同时，跨尺度关联现象的问题是生物学和整个科学的核心问题，必须找到能够对模式在空间与时间上发生的变化进行量化的方法，了解模式如何随着尺度变化，进而理解模式发生的原因和可能引发的后果。

因此，区域景观营建中没有正确的尺度一说，选择何种尺度应以研究的问题或目标为唯一根据。从实践角度来看，如何为研究确定适当的尺度本身就是极具挑战性的工作。因此，如何更有效地汲取和利用关于生态系统模式和过程的相关知识，并以此为基础来发展针对跨尺度、异质性特征景观的相关分析、外推及预测模型，是服务生态系统视角下区域景观营建的核心方向。景观营建不可忽视尺度对景观格局和过程的影响，对区域生态空间的认知也应避免以行政区划为基础，而应以生态学中的生态连续区、物种栖息地为概念依据。

3.2.3.3 过程动态

景观是生态系统的载体，承载着生态系统的自然演替，而景观空间格局随着生态系统发展与衰退的动态变化性决定了景观鲜明的过程属性。具体而言，服务生态系统的区域景观营建应遵从景观生态学，关注空间异质性的发展和动态、跨异质景观的时空交互和交流过程、空间异质性对生物和非生物过程的影响以及空间异质性的管理[202]。简言之，营建应关注这些自然生态动态变化的规律，并适当地利用自然演替的过程规律，以实现规划的景观生态系统与原有生态系统及其周边环境的相互适应及逐渐协调，或对遭受破坏的生态系统进行科学、合理、高效的修复。此时，营建应侧重于以下几个方面：①景观要素或生态系统之间的空间关系；②元素间能量、矿物营养、物种的流动；③时间维度下景观镶嵌体等的生态动力学特征[203]。如此，符合生态系统自然演替的过程动态规律的生态空间营建才能符合服务生态系统的内在价值取向。

3.2.3.4 在地适宜

地方是一个具有特定生物物理属性和场所文化意义的区域。对生态系统而言，一个区域拥有这个地方特定的自然地理和气候条件，如地势、土壤、阳光、降雨等，因此其必然承载着能适应其环境的独特的动植物类型，拥有独一无二的内部组织结构和运行规律。因而，从营造可持续景观的实践角度，应利用景观生态学涵盖的科学知识引导规划者客观分析物质环境条件、生物种群现状等地方特征，以合理划定景观空间格局，引导生态系统向更健康的方向发展。对场所感知而言，区域中的一草一木、一花一石都具有当地的自然属性，这些特质使一个人对一个特定的地方产生积极的情感、认同与归属感，也赋予了场所独特的文化意义。例如，久居都市的人们在回到自己长大的乡村时会感到自在、舒适和喜悦。这种亲地方性意识的觉醒将使公众发展出与区域景观特征更为密切的文化联系，进而有效激发其对区域整体环境的维护与爱护感。

因此，在区域景观营建中，地域利益相关者尤其是参与到决策过程中的相关人员需要较好地理解相关通用景观生态科学知识，并能够在规划区域背景下对其进行准确应用。景观生态科学知识"范适用"的特征也决定了在具体实施阶段需要通过对其进行再组织来适应地域背景环境，做到在地适宜，进而促进人与自然的亲和关系。

3.2.3.5　系统整体

自然不是一系列的个体，而是一个单一的不可分割的统一体或一个个构成组分相互依存的整体。所有组分如交响乐演奏般紧密协同运行，维持自身存在及发展并可能同时产出产品[204]。包含人类在内的生态系统中的每一个个体对于系统整体而言均有其存在价值。例如，国际景观生态学会首任主席艾萨克·塞缪尔·佐内维尔德（Isaak Samuel Zonneveld）对景观生态学学科的界定为：景观生态学既是一种正式的生物地理学和人文科学，同时也是一种整体的方法、态度和心理状态[205]。因而，区域景观营建应秉持系统整体观，强调人类与景观的整体关系以及系统方法的重要性，从生态系统与人类的可持续、共同发展的高度，避免为了短期的、局部的视觉效果和经济利益进行营建，实现空间维度上各生物种群的交互平衡以及时间维度上生态系统整体的、可持续的自然演进，服务生态系统。

同时，生态系统的整体性在于其复杂的层次结构，这也是针对区域生态空间进行营建与控制的关键着力点。由不同部分同时组成的实体也是与其自身所处环境相适应的整体。这些构成部分具有"作为其他系统组成部分的同时其自身也是一个整体"的属性特征。以最简单与抽象的组织层次序列"细胞—有机体—种群—群落"为例，每个组织层次都由下一层级的子系统组成（如种群的下一层级是有机体），并同时受上一层级的限制（如群落对种群有约束的作用）。这也要求在区域景观营建时，从系统整体的角度，将生态系统置于整个大的环境背景之下进行整体规划，以使生态系统整体有效运行。

3.3 服务生态系统的区域景观营建内容

区域景观营建服务生态系统的理念依据分析表明，生态感性与生态理性是生态整体性表达的两个核心构成与基本要素。社会系统视角下，前者以生态美学与生态伦理两个学科和知识集合为基础，并由景观生态文化的营建来达成；后者则需要严格依赖于自然过程科学知识积累以及针对其的可靠性应用来实现。即生态感性是自然人（普通民众）对周边之物（以人为绝对能动主体的周遭环境客体）施加普遍影响的一种表达，而生态理性则意指面向景观设计、景观修复等实践必然涉及生态相关问题时，专业景观规划团队所应该具有的可靠科学知识及需要秉持的坚定科学理性。鉴于此，结合上述相关论述，本研究对区域景观的"文化生态"与"空间生态"两个方面进行针对性延展。

（1）文化生态方面

界定区域景观是区域内人地关系的生态价值观的总体呈现，包括区域内普通民众（公众层）在对待自然景观环境时所具备的文化生态素养感性与区域内行政部门和规划机构（精英层）在对待自然景观环境时所具有的专业管控理性两个内容。

（2）空间生态方面

界定区域景观是区域内支撑人地生态关系发生的空间总体，由人类聚居区中的空间生态环境现状与人类活动干扰或外界环境胁迫下的自然生态系统空间特征两个方面构成。

基于以上并面向生态感性与生态理性的优化和提升，本研究将公众属性的"区域景观生态美学培育与伦理塑造"、行政部门与规划机构（精英层）对"区域景观生态空间的专业性管控"分别对应为区域景观生态化营建中的"区域景观生态文化营建"与"区域景观生态空间格局控制"（图3-1）；将面向两者间协同效应形成的建设对应为"过程协同机制建构"。

3.3.1 生态美学与生态伦理导向下的区域景观生态文化营建

相对于政治、经济而言，文化既是一个人内心的精神和修养，也是人类在关于自然环境的改造中形成的全部精神活动及其产品的总和；相对于环境中存在的物质实体，文化是人地互动关系中产生的行为方式、观念意识、语言习惯乃至手工艺技等在人群之间的一种传承；而相对于自然，人类文化不仅仅是大自然的恩赐，同时自然也成为人类文化发展的永恒启蒙者和导师。即文化对自然具有本源性的依托性，人在以文化的方式影响自然。

景观审美主体对景观客体的评价、感受、体验，以及与其相对应的实际能动措施

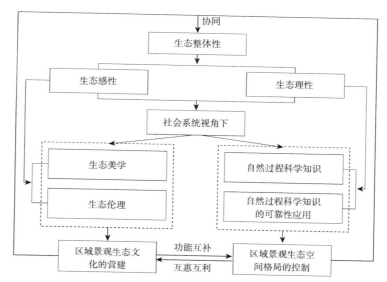

图 3-1 区域景观营建服务生态系统的内容构成

与影响是生态美学与生态伦理所关注的主要内容。因此，以生态美学与生态伦理个性表达为测度的生态感性品质发展与成长如果能够得到积极的引导、培育或影响，那么其对整个社会的生态氛围、意识乃至生活方式的形成将具有事半功倍的效果。

而以"片段式/碎片式、浅层式/表层式、图像式/符号式"生态知识为支撑的环境教育已难以满足我国未来对区域景观生态文化建设的相关要求。因此，生态美学与生态伦理导向的区域景观营建必然应属于文化建设及其发展的范畴，其需要借由教育引导、情感影响、氛围营建、社会主流意识导向等人类文化发展路径或渠道得以推进或实现。

3.3.2 生态空间与生态决策导向下的区域景观空间格局控制

生态理性指按照事物发展规律和自然进化原则来考虑或处理问题的态度。需要强调的是，相比于生态感性的普通民众与社会整体氛围指向，生态理性着重针对的是具有专业知识储备及相应价值判断的行政部门或景观规划专业从业人员。即对于每一个景观客体来说，其呈现的现象、模式及影响背后，或复杂或简单都会是一个本身具有完整自然演替过程及与其他生态实体发生的或多或少生态连接的自然或半自然的实际存在，对其进行的任何良性干预均应以干预者对景观客体的系统构成与运作机能的充分了解为前提与基础，方能保证规划实践的无害性与助益性。

景观生态学视角下，景观规划从业人员对景观客体的规划实践可以表达为对景观空间格局的生态控制。而从系统论的角度看，生态学等学科的生态整体观、系统观强调将景观作为复杂的系统客体进行管理，把管理的认识对象视为发展着的系统整体或复合体的系统，并指出管理实践的程序应包含两个具有顺序特征的过程——决策与实施的集合。即对规划是否会起作用并因此会有助于生态可持续性这个问题的答案，在很大程度上取决于规划过程中形成的决定集合是否具有足够的决策理性，而规划实施中涉及的景观空间模式与生态过程间统筹耦合进程是否成功也与过程中相关科学知识得到理性应用与否具有密切关系。因此，笔者将有关景观营建的生态理性描述为服务生态系统视角下对景观空间及其与空间相对应的自然过程的规划实施理性与规划决策理性予以论述。

3.3.3　区域生态文化营建与空间格局控制的协同机制建构

一方面，区域景观营建的过程本质、过程协同必要性的理论支撑均要求区域景观营建中的不同过程组分形成合作、有序及互补互惠的关系，进而使区域景观营建系统自组织及涌现效益形成，并实现整体效应的发挥；另一方面，生态感性（普通大众作为审美主体所具有的美学价值判断及其相应的主观能动性）与生态理性（风景园林专业从业人员以科学知识为规划实践的唯一导向）是生态性表达、描述及营建的两个基本方面与根本路径。从哲学认识论或者形式逻辑学的角度来说，两者尽管在对景观生态维度的认知方面显示出"浅"与"深"或"表"与"里"的明显差异，但却与社会能动主体"人"在知识分层及社会分工等方面呈现的属性特征严密契合。即普通民众与专业人员对景观客体的认知、理解及相应行动回应固然不同，但在以服务生态系统为共同方向时，"以生态美学与生态伦理为导向的景观生态文化营建"与"以生态空间与生态决策为导向的景观空间格局控制"是与实际状况所能匹配的规划实践统筹与合理安排。而两者间协同效应的实现，有待相应协同机制的建构给予支持与保障。

3.4　本章小结

生态文化营建是保障区域景观生态功能健康发挥的"软件"问题，生态空间格局控制是保障区域景观生态功能健康发挥的"硬件"问题，生态文化营建与生态空间格局控制的协同是保障区域景观生态功能健康发挥的"软件"—"硬件"融合问题。本章中提出：生态文化建设的缺位是当前我国区域景观规划组织系统的主要顶层设计缺陷，过程属性的缺失是区域景观生态文化营建与区域景观生态空间格局控制的主要短板，协同性建设是促进区域景观生态文化营建向区域景观生态空间格局控制适应性嵌入的主要突破口。

基于上述问题分析，本章从代际正义、生命正义、土地正义、生态正义、恢复正义、历史正义六个视角析出服务生态系统的区域景观营建生态伦理观，从感性体悟美、科学认知美、纯粹自然美、进化生态美四个视角析出服务生态系统的区域景观营建生态美学观，从物种导向、尺度合理、过程动态、在地适宜、系统整体五个视角析出服务生态系统的区域景观营建生态空间观，为区域景观营建服务生态系统提供了正确与正义的理念基础。

以上述两个方面为铺垫，本章指出服务生态系统的区域景观营建包括生态美学与生态伦理导向下的区域景观生态文化营建、生态空间与生态决策导向下的区域景观空间格局控制，以及区域生态文化营建与空间格局控制的协同机制建构。

第4章
服务生态系统的区域景观生态文化营建

　　面对当前严峻的生态问题，人们有必要对工业文明时代衍生的生产方式、生活方式以及伴随工业文明形成的价值观念进行批判性反思：在严重的生态危机背后，是以人类中心主义为核心的思维模式和发展理念；是人类整个的文化体系催生了当前不断恶化的环境问题，生态危机本质上是文化危机。因此，生态文化建设必须成为生态文明建设的重要支撑。而在生态文化的核心领域和生态文明建设的广域体系中，生态文化的公共性塑造是关键：生态文化只有成为社会共识和群众共识，即积极推动公众形成正确的大众美学生态伦理观，才能激发人们保护生态环境的道德责任感，使人们自觉调整人地关系间物质转化的模式与方式，才能真正为环境保护实践提供坚实的意识基础和内在动力。生态文化强调人对非人自然从感性、情感和精神层面出发的个人认同。因此，生态文化建设旨在促进或改观区域景观体验主体深刻认识到非人自然的重要内在价值，以及人类本身与非人自然的深层连接，激发人类在与非人自然的有意义接触中达成自我实现的目的。

　　人地交互、人与自然间的彼此影响绝非仅仅是空间、生态等科学的议题，与其如影随形的还包括美学价值判断与伦理道德塑造等文化的方面。意识的发展具有强烈的过程属性，意识的形塑绝不可能是一蹴而就的，幼年时对自然世界的好奇感的激发、少年时对外部环境的亲自然体验、青年时对生态科学知识的学习与了解等都是影响每一个自然人日后迈向深度生态意识秉持的重要因素；另外，成长环境中发生的亲自然体验必然导向亲地方情感的产生与积淀，后者又会反向助益于美学意识主体对在地环境的保护与呵护；而亲自然的成长环境对景观审美主体最大的影响在于让其真正认识到自然环境的"本质美"，对于自然环境的"深度爱"是对自然生态系统在时空尺度下固有过程演替属性的欣赏与尊重。

因此，当前以片段式 / 碎片式、浅层式 / 表层式、图像式 / 符号式环境教育为支撑的景观生态文化建设必须进行应时转向。而如何通过正确的环境教育或生态教育过程，把正确的环境意识、生态知识、态度价值、道德责任和行动承诺等传递给公众，是服务生态系统视角下区域景观生态文化营建的关键所在。

4.1 区域景观生态文化营建的关键要素接入

通过现状问题分析，本研究得出"区域民众的亲自然性与亲地方性意识普遍较弱"是造成区域景观生态文化营建内在驱动力不足的根源所在。因此，本研究旨在以问题为导向，引入"亲生命性的景观美学认知"与"亲地方性的景观历史线索"两个关键要素，进行区域景观生态文化的营建策略建构。

4.1.1 亲生命性的景观美学认知

从历史的角度来看，人类从自然中一路走来，自然环境塑造了人类的认知系统和情感器官，人类则形成了一个从自然环境中提取、处理和评估信息的适应性思维系统。进入 21 世纪后，技术、制度和组织结构逐渐将人们从其行为的直接体验中剥离出来。同时，随着现代信息技术的飞速发展，对景象的被动认同取代了人真正的感知与体验，人类越来越将自己圈限于虚拟图景的创造之中。同时，快速的城市化导致高度密集甚至过剩的建筑环境，其带来的负面结果之一为：城市空间内的生命元素在剧烈消减，人类愈发与各类型的生命元素隔离。

从情感的角度来看，亲生命性是对生命或生命系统的热爱，同时也是人类与自然的深层次精神联结。即亲生命性在解释为什么噼啪作响的火焰和汹涌翻滚的海浪会使我们着迷，为什么置身自然之中会增强我们的想象力与创造力，为什么园艺栽培和公园漫步会使我们的康复进程加快等问题时为我们提供答案。1964 年，美国社会心理学家埃里希·塞利格曼·弗洛姆（Erich Seligmann Fromm）在其著作《人心》（*The Heart of Man*）中首先使用了"亲生命"（Biophilia）一词，并将其解释为"一种被所有活着的和有活力的事物所吸引的心理倾向"[206]。1984 年，社会生物学创始人爱德华·奥斯本·威尔逊（Edward Osborne Wilson）在其著作《生物恋》（*Biophilia*）中对亲生物性假说进行了介绍与推广，并把亲生命性定义为"与其他生命形式相联系的冲动"或"人类具有寻求与自然和其他生命形式联系的天性倾向"。在爱德华·奥斯本·威尔逊看来，自然环境对于人类历史的重要性不亚于社会行为本身，人类与其他生命形式和自然作为一个整体有着深刻的联系，且这种联系根植于生物演化的每一个进程之中。与恐惧症是人们对环境中事物的厌恶和恐惧不同，亲生命是人们对自然环境中生物、物种、栖息地、过程和物体的吸引力产生的积极感受[207]。因此，试想当人类进化经验中如此深刻且具有决定性的功能部分被削弱或抹去时，人类有关人与自然间关系的思想便会向非积极的方向转化。同时，从现象学分离的视角看，个人越是远离或脱离其行为或行为后果造成的环境破坏，就越有可能表现出这种对自然的破坏性倾向。此外，尽管社会学与科学、感性与理性在思考有关人与环境的关系上具有结构性的差异与不同，但不可否认的是，花更多的时间在自然环境之中不但是一种"治愈"、一种"治疗"，更是一种个人维持和恢复活力的方式（图 4-1）。同时，人与自然间直接的、第一手的接触体验是两者间情感纽带得以维系或深化的最优方式。美国心理学教授露丝·理查兹（Ruth Richards）在其文章《环境意识的新美学：混沌理论、自然之美及我们更广泛的人文主义认同》（*A New Aesthetic for Environmental Awareness：Chaos Theory, The Beauty of Nature, and Our Broader Humanistic Identity*）中写道：自然的美可以在混沌的世界中为我们打开一扇清新之窗，产生亲密与喜悦的同时也将孤立与恐惧一并驱散[208]。显然，让人们有机会来直接欣赏自然的美不仅可以促进两者间情感纽带的发展，而且对其地方感的产生与培养具有重要意义。

因此，如何由亲生命性的景观美学认知培育实现民众生态自觉意识和生态美学素养水平提升，是区域景观生态文化营建的关键任务之一。

图 4-1 巴黎 Villa M 饭店临街立面的亲生命性设计
来源：https://www.sortiraparis.com

4.1.2 亲地方性的景观历史线索

地方不仅仅是一个具有个体意义的空间、一个具有特定生物物理属性的区域，其同时也具有强烈的生态文化伦理属性，影响着区域内能动主体对自然环境发生能动作为的意识与态度。

亲地方性指的是一个人对一个特定的地方有积极的情感与认同，身在其中会有归属感和自在的舒适感。场所心理学认为：场所依恋（与场所的情感联结）、场所认同（对一个特定的地方有强烈的认同感，并将其作为自身身份的一个组成部分）和地域感是亲地方性生态文化建设的三个核心组成部分。而景观历史线索是亲地方性情感依附与建构的重要载体。即景观历史线索体现了人类主体对周边自然环境和人文景观的认知、感知及情感沉积，其折射的不仅仅是人与人之间的关系，更是在人地关系中对生命价值和情感联结的寄托。如果景观历史线索缺失，对地方符号的表意感知和认知就没有了载体支撑，与其他主体进行高质量交流的实践便难以为继，进而产生抑制地方认同建构的负面效应。因此，本研究提出，区域景观历史线索的串联是唤起亲地方性意识觉醒的最重要刺激因素，而亲地方性意识的觉醒将使公众发展出与区域景观特征更为密切的文化联系，进而有效激发其对区域整体环境的维护与爱护感（图4-2）。

另外，区域景观规划是景观历史动态变化过程中的组成部分，需要以景观历史线索的串联作为支撑。其中，串联的内涵在于构建连续、完整的区域景观客体进化关系，使区域景观规划中针对景观客体的正确描述、科学预测及制订有效的方案成为可能。

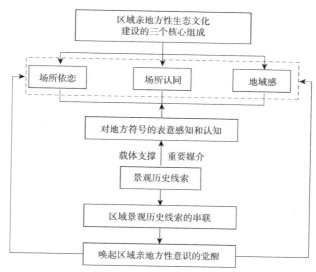

图4-2 区域景观历史线索串联与区域亲地方性文化建设的关系

本书对耶鲁大学教授约翰·布林克霍夫·杰克逊（John Brinckerhoff Jackson）30多年前的一段关于景观历史前景及潜力的见解深表赞同："历史能够告诉我们未来前进的方向。在18~20世纪的三个世纪当中，景观历史对景观发展的影响微乎其微，其原因在于关于景观的空间与结构的信息很少能够被记录。但是，随着现代考古技术的使用，一些研究技术的逐渐成熟，尤其是基于事实依据的大胆想象，能够预见景观历史在未来景观规划中的重要程度将会越来越高"[209]。景观历史固有活力、文化系统方面强大的包容性及其内在的变化模式都是景观规划中必须考虑的因素。没有景观历史作为基础而得出的景观规划方案不会具有持久的生命力。在时间和空间的影响下，任何规划实践活动都应该经受住环境的考验与选择。景观规划者应该将景观历史作为开启景观规划的钥匙，制订有效、完整的景观方案。任何景观规划实践的终极目标都应该是把景观作为一种具有持久生命力的宝贵财富传承给我们的子孙后代，即以景观历史线索串联为支撑的区域景观规划本身体现了亲地方性的意蕴。

由此，本研究提出，将景观历史线索接入区域景观规划是营建亲地方性区域景观生态文化的又一关键任务。

4.2 区域亲生命性的景观美学认知培育

4.2.1 亲生命性景观美学认知培育的关键与问题

从时间上看，人类社会创造的一切精神文明与物质文明都以自然环境为载体，人与自然是生命共同体，环境教育理应是由摇篮到坟墓的终身性教育，有必要渗透到人生从婴幼儿、孩童到青少年、壮年、老年的每个阶段。而从自然环境的复杂性来看：一方面，生态系统是由大量单元构成，各单元之间存在着大量的非线性联系，形成具有自调控、开放性、自维持功能且具有复杂属性的网络系统；另一方面，生态系统在不同时空条件下发展与演化的特征瞬息万变，系统内部生物和非生物的物质与能量循环关系错综复杂。因此，人对生态系统生态功能和自然过程的了解不可能一蹴而就，需要在漫长的教育与被教育过程中进行演进式的持续认知与学习。

4.2.1.1 成长环境是亲生命性景观美学认知培育的关键

孩童及青少年时期与自然环境保持亲密接触是影响亲生命性景观美学认知养成的重要保障。一方面，儿童比成年人更愿意接受新的想法，有关环境保护、多样性保护等议题，儿童的言行更能够有效激发与其接触的成年人去进行反思并做出改变。另一方面，儿童时期的经历与体验是其一生学习过程的重要起点，这些经验对其看待世界的视角与方式形成影响。孩童若能从小便对自然环境中的动物、昆虫、植物以好奇、观察的方式善待，其成年后便不易用侵略、占有、剥削、支配的态度来对待动物与大自然。

在幼年时期，保持与延续儿童对大自然的归属的自我意识非常重要。帮助、刺激并让孩子们去自觉发现自身与自然世界的更多连接是儿童生态心理学所倡导或旨在达成的重要内容。而从进化生态学的角度来看，人类拥有以自然为基础的遗传编码和本能，因此孩子们天生就有与自然亲近的渴望；这种与生俱来的对自然的同理心、生物恋、归属感同时兼具有可塑性的明显特征，如果能从早期便开始进行积极引导与培育，会给环保工作带来事半功倍的良性传承与助益。反之，如果一个人在幼年时期便很少或鲜有与自然接触的机会，那其终将被淹没在社会化、机械化及智能化程度日益加深的种种洪流或进程之中。而当这种与自然世界的脱节变得越来越普遍时，两者间的"爱"将逐渐淡漠甚至不复存在，自然也就逐渐成为可以随意或有条件地进行支配、控制及买卖的产品与货物。

1988~1994 年，瑞典学者古斯塔夫·赫尔登（Gustav Helldén）在对 9~15 岁少年关于生态过程的概念性发展与认知的调查中发现，儿童早年获得的概念性知识或相关启发对其未来在相应的概念认知与开发上具有非常重要的作用[210]。另外，2008年，古斯塔夫·赫尔登与索菲娅·赫尔登（Sofia Helldén）在《学生早期的生物多样性和教育经历——实现可持续的未来》（*Students' Early Experiences of Biodiversity and Education for a Sustainable Future*）一文中谈道：孩童有惊人的能力来辨别自然界中不同的生命形式，如果给他们足够的时间来谈论与反思那些观察所得，往往能够极大地激发他们对生物多样的嗅觉与迷恋[211]。奥拉·马格顿（Ola Magntorn）与古斯塔夫·赫尔登在《用由下而上的视角来阅读自然》（*Reading Nature from a 'Bottom-up' Perspective*）一文中也强调，幼儿时期的儿童已经开始通过辨别不同类型的环境所对应的典型生物体如某些真菌、植物、动物，或环境因子如水流、落叶林中的阴影、公园草坪的变化等来阅读自然[212]。

幼童与儿童对事物的意识是直接的，他们通过一次次对印象的排序、分类与整理，进而建立自身的一个初级却极为基础的认知参考系框架。如《瑞典国立学前教程》（*Curriculum for the Pre-school*）强调的那样，儿童时期建立起来的关于世界的概念与看法对人的一生都会产生深远影响，所以此时间段对于树立正确的、基础的世界观、价值观等有着尤其重要的意义。而儿童早期的生物多样性经历对他们今后对植物、真菌和动物在自然界中变异性的认识具有重要意义。孩童时期对不同复杂程度的生物多样性的体验为其在未来有能力来辨别生物多样性的变化提供了基础；童年时期的这种经历对培养一个人一生的环境敏感性，通过实际行动来防止生物多样性贫瘠化发生也具有重要意义[213]。因此，可持续发展的意识保持与知识沉淀是一个终身的过程，如果能从孩童时期便良性介入、积极引导、循循善诱，这绝对是良好的开始。联合国教科文组织 2002 年可持续发展教育会议报告呼吁，教育是我们实现可持续发展变革的最有力工具，幼儿教育在支持儿童对基本生态现象的学习中发挥着关键作用，而孩童时期所积累的生态知识认知、树立的生态伦理价值对其在一生中关于人与自然关系的处理都会产生非常积极的影响。

4.2.1.2　亲生命性景观美学认知培育中存在的主要问题

对自然的关爱、热爱及养成积极的环境伦理意识都源于儿童时期与自然的亲密接触，以及获得的美好体验。露丝·A. 威尔逊（Ruth A. Wilson）等学者甚至警告，如果人们在幼年时期没有对自然环境生发出尊重和关爱的种子，那么此后可能永远也不会形成这种源自内心的情感与情愫[214]。

（1）孩童时期缺乏环境意识教育

由于应试升学导向作用、教学方法墨守成规、其他知识相对匮乏等方面的原因，学前与小学教育大多将学习量与学习方法置于比学习内容与学习广度优先的位置。目前来看，学校教育的绝对主流与方向均在于科学知识的传播与教授。以 5~11 岁年龄段的学生为例，科学过程技能认知、唯理分析、原理学习等往往居于主导地位，且在国家课程规划纲要或政策中发挥有范例功能与效应[215]。即人们在越来越高度技术化的环境中成长，且多数时候面临着离开或逐渐脱离自然环境这样的被动局面。

（2）儿童活动场地缺乏自然元素

"精力过剩说"认为，孩童玩耍的主要原因是为了消散多余的能量[216]。尽管这种看法未得到业内其他绝大多数学者的认同，但却给儿童户外游戏环境的设计带来非常负面的影响。例如，活动场地、游戏场地往往是身体活动、体育锻炼单一功能导向的，除了修剪整齐的草地外，缺乏大自然元素的介入，基本不能为有关自然的了解或学习提供便利。罗宾·C. 穆尔（Robin C. Moore）等曾对此批判道，儿童的多数户外空间不是绿色的，而是灰色的，与一座座停车场没有本质上的区别[217]。相同的经历塑造共同或类似的认知与范式。试想，如果今天的父母就是在这样的童年环境中成长，那么他们对下一代幼年时期在同样类型与品质的户外空间中成长则会表现出默许与漠然。

（3）图像式接触自然取代现实接触

同时，随着儿童的生活与自然持续脱节，前者对后者的认知越来越依赖电子媒体、书面语言与视觉图片等来进行。即虚拟正在一步一步取代现实，自然纪录片、国家地理频道等在给所有人带来惊叹的同时，也逐渐使大家觉得自然离他们越来越遥远。更严重的是，这些现实状况与意识发展都会促使孩童不再认为其实自然就存在于或应该存在于社区、街坊之中，并进一步加剧了他们认识和欣赏自然世界的能力的退化，使两者间的关系愈显生疏。

（4）填鸭式学习自然知识早于探索式学习

以成人的视角来运作有关孩童环境教育的议题常常是这一领域最大的误区。与说教的方法形成鲜明对比，儿童对自然世界的好奇和其独特的认知方式要求发现和探索式学习模式的介入。即大多数有关儿童环境教育的问题都与过早地让其接触生涩难懂的知识或原理、过于抽象化地对其讲解某些现象与情境等有密切联系。当我们要求或引导孩童去接触超出他们认知能力、理解极限的问题时，他们往往会变得焦虑、抗拒及接续恐惧。儿童对自然的情感与感情发展必然早于其他抽象的、逻辑的和理性的观点，如果儿童尚未对自然有接触的向往或亲近感，便填鸭式地被动接受有关知识与责任灌输，则可预期最后的结果一定是非常负面的。安·科菲（Ann Coffey）在其著作《绿化校园：创造学习的栖息地》（*Greening School Grounds*：*Creating Habitats for Learning*）中有类似观点：无数人期盼未来世代能够悉心守护、善待乃至拯救伤痕累累的地球家园,但这些无一例外需要以"发展孩童亲生命性的本能"为基础和前提[218]。美国自然主义者和自然散文家约翰·伯勒斯（John Burroughs）也曾浪漫地描述道："没有爱的知识不会长久。可一旦有了爱，那么知识也会随之而来"[219]。所以，总结来说，年幼的孩子往往会对他们熟悉和舒适的事物产生情感依恋，他们对自然的体验越亲密，越会激发其内心对彼此间命运共同体关系的认同与印记。

4.2.2 亲生命性景观美学认知培育的路径

自然世界是每个人都需要认知与了解的客体，在谈论将自然环境作为研究对象时，其前景或背景的概念与环境教育的三个不同维度密切相关：关于环境的教育，即了解自然系统如何运作；环境中的教育，即情感激发所必需的环境直接体验；为了环境的教育，即实现变革所必需的政治维度和行动。那么一个人对自然世界的重视程度、自然世界是教与学的"前景"还是仅仅停留在"背景"之中则是需要首先厘清的问题。将自然环境作为前景意味着不论我们采用什么教育策略或引入何种概念，自然环境在教与学的过程中都是作为主线存在的。即"自然"这个词与对自然的普遍欣赏应该是整个学习过程的主体氛围。反之，无论针对的是隐喻的还是明确的环境维度的现象和问题，即使个人对自然世界有着强烈的主观向往与亲近，但如若自然环境在教与学的过程中总是处于"背景"①存在,则亲生命性景观美学认知的提高或促进就会非常困难。

---

① 仅包括"关于环境的教育"或"环境教育"或两者兼有，不会涉及"环境中的教育"。而"环境中的教育"维度最大的特点在于需要人们融入自然环境当中，并将其作为研究的客体。相比于"参与""交往"，"融入"往往象征主观能动性的最大情感维系与激发。

因此，基于环境教育的三个维度分析，研究将亲生命性景观美学认知的提升表述为：通过关于环境的教育与环境中的教育的基本协作与共同作用，最终达成为环境的教育的目的。

4.2.2.1 意识培育是亲生命性景观美学认知培育的基础

人们往往通过各种正式与非正式的形式和渠道来了解新的领域或学习新的知识。同时，将一个人对已学过的各种不同概念的陈述进行评估与评测常常是用来衡量其对相关知识掌握程度的主要方法。然而，被认为真正了解与自认为真正了解却常常是疑问及误解产生的触点或燃点。因为在知识（通过传统的具象教育学或个人体验式的建构主义教育学获得）与意识（充分清楚自己或他人知道或已经学习了什么能力）之间有着微妙的差异或区别。当然，这一现象也绝不仅仅存在于学生群体当中，而是能够联系到每一个人日常生活、工作及学习的普遍性问题。教育哲学家玛克辛·格林（Maxine Greene）在谈到"意识"时是这样描述的："我们多数时候不是在有意识地生活，因为没有什么能给人留下印象。这个世界看起来平淡无奇、模糊不清。对于偶尔的那些例外，我把它们称为'意识的冲击'与'意识的回应'[220]"。玛克辛·格林在这里想要真正表达的是，正是那些冲击过后，人们才会突然感知到某种东西，并且看到之前从未看到的某些联系。即对于许多人来说，科学与教育的世界可能会显得平淡无奇，甚至含糊不清；我们曾经学过，但其实并未真正意识到自己到底学了什么。当然，与传统的建构主义方法相比，借助创造真实性的、参与性的学习情境，一个人对某些问题和议题的局部重要性认知确实会提高。然而，这种提高到底能达到何种广度与深度，则是需要继续商榷的一个方向。

传统科学教育背景下，上述提到的"意识冲击"理念是对现有教学过程与范式的核心质疑和挑战。但是，目前来说，意识的发展早已远远超出了认知冲突的纯粹思维与理想型架构，并且必然包含或将一般的科学学习考虑在内。因此，在教与学的背景下，与早期相比，有关意识的解释已经变得比较宽泛。意识是对事物与现象的注意和关注，同时对被教授的有关这些事物与现象的知识有充分理解和领悟。即意识的概念越来越类似于英国教育哲学家理查德·彼得斯（Richard Peters）提出的认知的视角的概念。根据理查德·彼得斯的观点，认知的视角意指差异化意识模式的获得，即在一致且重复的生活模式中洞察知识内涵与外延的敏感和能力[221]。认知的视角使得作为现实表征的知识与知识如何影响生活的意识之间的差异更容易被理解，且意识与情感、美学、道德行为间的紧密关联性也显现得更为清晰。

根据上述分析，可以认为环境意识必然是与环境有关的知识、态度及行为直接相关的。即环境意识如果被广义地定义为"接收到的环境知识—批判性思维—对待环境的态度"这样的思维通路，则其正当性与合理性可以被意识本身的概念所证明。正如意识催生感知的改变、感知变化是态度转变的必要前提，两者接力则进一步促成相应的行为与行动发生。因此，环境意识也是环境素养衡量与测度的基本工具。鉴于对以自然为一种资源或其他经济动机为基础发展的可持续发展或可持续发展概念的批判，通过认识环境、社会科学问题与人类生活之间的内在关系，帮助人们培养并提高其正确的环境意识具有极其重要的现实意义。

4.2.2.2 科学认知是亲生命性景观美学认知培育的关键

虽然我们可在自然的色彩、形式和神话中去欣赏夏威夷火山国家公园的熔岩景观与大峡谷之美，也可借由地理学与地质学等科学的帮助去欣赏它们，但后者是更深刻的。环境美学的基本立场强调一种以科学为基础的景观美学，反对将美学局限于感官知觉之美，而包含了理性心灵之美。即只以欣赏者直接的感受与反应来欣赏自然显得太主观、太狭隘。科学能扩展人们知觉的能力，并统合于理论中。而借由科学的帮助，我们可以在以前无法看到美的地方看到美。科学既能培养近观的习惯，也能发展远观的态度，使我们能在一般肉眼看不到的黑暗中或地底下探索细微美景，以及古老深层的时间意识、地质与生态的自然之美，从多元的空间与时间尺度来检验景观的意义。例如，从人类的角度来看，某些不毛之地、可怕的沼泽与杂乱的草地等，并没有什么值得欣赏之处。但科学的深度理解会校正以往的真理，使人们发现这些地方也有美学价值。

当前景观美学认知中的一个基本特征为：相较于客观世界带给人们的无限神奇，后者对前者的主动性思考、反馈性交互都明显在减少，主要以被动接收与被动认知沉积为主。对自然世界最为好奇的孩童其往往是通过与玩具、水、光、阴影、动物、植物等的接触感知以及对周遭人群话语的懵懂理解来形成有关世界的最初体验或认知。当然，人们也常常会强调，诸如尽管每个人的第一个五年是其自身语言、概念能力实现巨大飞跃的时期，但此阶段对其他事物的学习效率却较低。尤其对于科学现象及与之相应的科学解释来说，克里斯汀·夏耶（Christine Chaillé）等在其著作《小小科学家：幼儿科学教育的建构主义方法》（*The Young Child as Scientist*：*A Constructivist Approach to Early Childhood Science Education*）中指出：一些科学教育工作者认为，对于年幼的孩子来说，科学是难以接近的，没有必要在其中投入或花费太多时间[222]。但是，基于对相关研究文献的广泛回顾，以色列学者哈伊姆·米沙克（Haim Eshach）与迈克尔·弗里德（Michael Fried）对这些观点予以了反驳，他们认为，首先，从天性与主观角度来说，儿童喜欢科学，科学满足了其对世界、现象的好奇与认知渴望；其次，即使从被动引导的视角来看，越早接触科学越能够对科学产生或抱有积极的态度，同时对其后可能从事的科学研究大有裨益。而这两个方面不但能够促进儿童对某些概念与因由的科学理解，而且有助于培养出其良好的基础性科学思维能力[223]。

显然，自然环境本身可以是相关科学认知发生的背景知识与素材。例如，以水循环、氮循环及其他物质循环为例，这些过程能够很好地促进与加深我们对保护和再循环等概念的理解。但是，此类自然环境知识是否足以促进环境意识的发展？答案是否定的。因为，准确来说，环境意识的基本前提与核心内涵还包括必须认识到某些科学事实和观点的重要性。仍以水为例，当人们知道存在于地球上的水尤其是淡水的总量是一定的时候，与了解水循环的相关概念和知识相比，其更有助于激发环境意识的产生。类似地，与单纯了解光合作用的过程（包括描述这些过程的化学反应、将概念图示化、建立相关概念之间的连接）相比，能够认识到所有植物对维持地球生命的重要功能则更有意义。因此，能够"理解"一个概念、一个过程、一种现象与"意识"到其与自身或更广范围尺度相关的联系与意义间有明显且微妙的区别，是环境意识建设的关键所在。即尽管理解涉及将一个概念或想法应用于各种背景情况的能力，但这种能力并不一定意味着能将这些概念与想法转化为与个人意义相联系的意识。而有意义的转化意味着概念与想法的"心理化"（把有关概念与想法恢复到能够显现其起源与重要性价值的体验和经验中去），并进一步催生具有变革意义的新体验与经验。通过促进观点的转变，这些新的体验与经验会对主观能动者的个人身份认同产生影响。因此，总结来说，在环境意识实践中，"对某些科学事实和观点的真正意义的了解来自对自我和环境之间关系的明确认识"是预期能够有效唤醒人们生态意识自我觉醒与发展，并最终强化其亲生物倾向成长与情感复苏的最本质内容。

4.2.2.3 社会议题是亲生命性景观美学认知培育的平台

无论具有显性的还是隐性的环境维度，社会科学类议题或问题不仅有助于将科学概念语境化，同时也是融合认知、情感、道德和审美元素对其进行多角度剖析的重要空间与平台，为人们有机会来认知这些议题、问题与人类生活间相互依存和联系的属性提供了机会。鉴于环境意识与感知变化直接相关，而感知变化又是行为和行动发生变化的先决条件，所以在社会科学相关活动中，道德与伦理考虑就显得至关重要。笔者认为，人们是否真正意识到了生物多样性概念的全部意义，需要从四个核心基本面来进行评估或考察：第一，情感层面，通过探索与感知和自然实现连接，以体验生物多样性激发与创造个体生命领域；第二，生态层面，理解生态系统中关系、函数和（全局或局部）相互依存的本质与内涵；第三，伦理层面，秉持与发展的价值观和道德立场及批判性的态度；第四，政治层面，处理有争议的问题，作出抉择，发展与培育行动的能力。

2009 年，美国南佛罗里达大学托马斯·J.多兰（Thomas J. Dolan）等在《在小学课堂上分析社会科学问题》（*Using Socioscientific Issues in Primary Classrooms*）一文中提到了一个有关社会科学活动的例子。学生分组参加有关佛罗里达海滩侵蚀的辩论，利用他们学习到的有关侵蚀和风化的知识在"当地郡政府应继续购买沙子来修复海滩"与"当地郡政府应将碎玻璃作为新的替代方案"间作出选择并陈述理由。辩论当中，面向最优解决方案、关键伦理道德推理，学生对各式各样的问题与关注点进行了提问与深思，如"沙子进到眼睛怎么办""玻璃碎片伤害到海龟怎么办""玻璃碎片会不会影响到海龟的产卵"，等等[224]。

事实上，这些中学生最后的选择结果实为其次，活动过程通过对人类行为进行反思，以及站在伦理道德的高度对这些行为给环境与其他生物带来的影响进行论述，并使可能被忽视的内容或关系得到重新关注，才是其核心目的所在。这种观点与认知视角的多样性及其复杂的相互作用与碰撞能够使学生认识到某一问题的重要性，从而有助于提高他们的环境意识。另外，需要同时认识到的是，在环境议题中的单纯参与并不是激发学生对相关议题与问题重要性认知提高的绝对保证，学生能否意识到自己本身就是社会科学类议题与问题的一部分是环境意识教育中另一个需要着重关注的方向。即学生在参与所在社区、片区、城市、国家乃至全球尺度的各类环境教育项目与活动中，都应该有机会去认知其本身与外围自然世界命运共同体的连接关系。

4.2.2.4 惊奇之感是亲生命性景观美学认知培育的源泉

蕾切尔·卡逊女士在《惊奇之感》（*The Sense of Wonder*）中谈道：孩童的世界新鲜又美丽，且充满了奇迹和兴奋。相较之下，对于周遭的那些美丽以及令人敬畏的自然景象或事物的欣赏与惊奇，多数成年人在成年之前已经表现出本能性的退化或迷失。如果可以祈祷上苍给每个孩子一份礼物，那么我的愿望是他们能够一生都保有一颗惊奇之心，在整个生命旅程中都享受美好与惊奇。雷切尔·卡森认为，成年之后，惊奇之感其实并未消失，只是被压抑在了我们的意识之中。在一个以人类为中心、以人类制造为主题的大"泡泡"当中，外面的世界显得"模糊不清"；同时，慢慢地我们也忘记了如何真正去欣赏外面的世界[174]。这种遗忘必然带来严重的后果。如果人类与自然是亲近的、人类自觉自身是自然的一部分等这样的情愫衰弱或者不在，人类对自然遭受破坏的现象与行为便会表现出漠然、消极的态度，或者所谓的干预也是被动性地基于人类利益中心视角，与内心深处生发的那种生命共同体意识和连接是不能相提并论的。而从心理健康的角度来看，人性的惊奇之感遭受长期压抑、人类与自然世界的深沉隔绝给人类的异化、焦虑、不安、无归属感等心理问题增加了诸多风险。

天然的好奇心激发人们对于生命条件的兴趣，在与植物、动物的接触中，他们会拿自身生长、生存条件来与其他生物进行相应比较，除了能够不断增进其对科学过程的了解，最重要的是长此以往他们会自觉自己也是自然的一部分。自然的重复中蕴含着无限的疗愈：黎明的太阳必在黑暗后升起，春天的草木必在冬天后发芽。那些沉浸在地球美丽、神奇与奥秘中的人永远不会孤单或厌倦生活，他们总是能够寻获力量的源泉，无论他们的生活中有什么样的烦恼、不快与忧愁，他们的思想都可以找到通往内心满足的道路，并使生活重新焕发生机。

4.2.2.5 自我升华是亲生命性景观美学认知培育的本质

亲生命性景观美学认知的本质在于通过对自然的体验和反思，加深对自然环境的感知、理解和联系，发展出关联与参与感，期望和自然建立有意义的关系，进而实现人类能动主体在人地连接以及人地伦理关系理解中的自我升华。面向亲生命性景观美学认知主体的自我升华，以生态学与解释现象学为基本视角，笔者提出了以"反思—反省—自反"为特征的"启发式沉浸法"、基于体验并以感性与情感连接为特征的"自然体验法"以及面向超越个人过往经验与价值取向的"双视觉法"。

（1）启发式沉浸法

启发式沉浸法旨在以介入（对某一景观问题或议题的强烈兴趣与关注）、浸入（以初始介入中识别的景观核心议题为中心，反思和记录与此议题相关的现象与体验）、孵化（以该景观核心议题为中心的信息搜集）、启发（识别出核心主旨，进阶为新的景观美学意识与认知）、解释（对新意识与认知进行说明与描述，以强化其日常意识与深层次意识的属性）、创造性综合（对经验与现象的本质进行充分表达，并影响他人的倾向与热情）为基本步骤，以自我对话（头脑中思想、问题、想法、感受和见解的互动与交流）、默会认识（对整个现象的各方面进行反思，以此来感知事物的全部本质）、直觉（一种内在的认识或感觉，有助于在思想或过程之间形成模式和关系）、留置（持续沉浸，通过冥想和反思来寻求对正在探索的体验的更深层次的理解）、专注（让心平静下来，专注于一件特定的事情，以寻找更深层次的意义）为基本手段，来达成人对非人工自然环境的深层次体验。利用启发式沉浸法对自然进行感知，可预期的生态意识提升或转换包括：更加尊重和（或）敬畏生命，加深了与非人工自然的联结，促进了与非人工自然间的换位思考，强化了对生态意识光谱的认知，深化了对自然存在、复杂性、多样性以及生态智慧的欣赏等（表4-1）。

（2）自然体验法

因为所有的感官对象和事件都是通过以自我为中心的既有思想和先验条件为过滤器来予以观察的，所以自然体验旨在以对当前事件和经历的接受性意识及不受习惯性认知惯例的支配为基础，借由感官刺激来促成人与自然间连接关系的恢复，以唤起

通过启发式沉浸能够实现的生态意识获得 表4-1

意义与获得	感知的过程与关键
自我意义建构	以关系建立及尊重为基本导向，参与自然环境与自然存在体验
更加尊重与敬畏生命	提高感知敏锐性
地方感的获得	不断发展并完全信任直觉所得
灵性实相直觉的获得	对新的经历与体验保持开放的心态
加深了与非人工自然的联结	在感知自然中与感知后，能够有反思与自反性
促进了与非人工自然间的换位思考	正念
生态意识的恢复	冥想
强化对生态意识光谱的认知	在反思和参与的时刻完全融入
深化了对自然存在、复杂性、多样性以及生态智慧的欣赏	利用经验和情感的记忆来唤起和（或）维持持久的生态意识
揭示了生态意识生发的社会语境发展必要性	促进自然环境感知与体验中关怀和情感意识导向的生成
谦逊感的获得	独自一人进行感知与体验
享受与尊重非人工自然	常存好奇心与惊奇感
根植于自然与置身于自然的中心	基本的生态素养

两者间深度联系的体验。另外，在很大程度上，自然体验旨在巩固与强化启发式沉浸中实现的生态意识所得，应注重冥想（有节奏的吸气和呼气，辅以视觉化，使头脑平静、集中注意力、专注于当下，从而促进精神、心理和情感对内在和外在现象的深层次认知）、声音映射（记录环境中所有的声音类型、声音发出的方向并预估与声源间的大概距离，进而获得对体验环境的良好地方感）、倾听（激发体验者对所处环境中声景的深度认知、情感和躯体反应）、细看（激发体验者对所处环境中视觉所及物景的深度认知、情感和躯体反应）、触摸（扫视周围的环境，寻找感兴趣的物体，如树干、长满青苔的花岗岩、河岸上又厚又湿的苔藓，然后小心翼翼地触摸它们）、情感反应（在参与过程中关注和记录情绪、情感与感受的变化，尤其需要留意意识和／或自我意识的扩展状态）等在整个方法应用过程当中所能够发挥的重要作用（表4-2）。

（3）双视觉法

双视觉法是指利用分析性的（抽象的）和直观性的（形象的）感知方法来理解自然存在与自然现象，以实现对人与自然环境在物理空间以及内在关联等层面的关系的理解。事实上，自然界并没有二元论，二元论只是人类在与自然界互动过程中出现的必然结果：感觉表现和非感觉意义同时存在。因此，阅读自然不是一种隐喻，而是一种将表征和意义作为一个整体来阅读的认知过程。即双视觉的视点要求自然体验者超越其习惯性看待事物的方式，以旁观者的视角来审视自然，去直观感受自然存在与现

自然体验法中激发情感反应的过程与过程所得　　　　　　　　　　表4-2

过程	体验与过程所得
以关怀或神入(感情移入)为导向,创造安全、舒适的空间	对一个地方生发舒适与喜爱的感觉
在适当的地点,拥抱(触摸)有吸引力的自然物体	亲密互动感、归属感及交流感的生发
体验中情感的完全释放	感觉与情感生发时的正念;从有意识和无意识的消极状态中释放自我,获得自由的感觉
就个人或生态问题,与非人工自然进行对话	悲伤、焦虑、忧伤情绪的释放;通过倾诉,使消极的情绪和思想一扫而空
自然环境疗愈能力的可视化表达	承认消极状态的存在,允许消极状态的释放;感受疗愈力量在身体内的流动与流淌
双向视觉(被动型的接受性视觉、强烈的感情移入性视觉)	被动地接受图像,与具有吸引力的对象进行亲密接触,以促成意识的改变
以同理心和感恩的心去接触风景和(或)特定的物体	通过包容性的交流,对"物质存在具有本质的、非物质的性质""自然指的是现实中所有可见和不可见的维度"进行感知
表征性观察(思考具有吸引力的物体象征了什么)	人类短暂的一生中应具有的谦逊(例如,与河边巨型花岗岩的地久天长相比,一个人的生命是如此短暂)
暴露于自然环境	感受生命的弹性、脆弱、自由、活力和生机,尊重生命的智慧
视觉穿透茂密植被	把自我抛在身后,用视觉与意念去感知植被之中与植被之后的一切
欣赏大自然的美丽和智慧	对有机会来体验这些美丽和智慧的感恩
熟悉所在地的非人工自然环境	亲密的接触强化了内心的地方感、归属感以及与非人工自然的一体感
感知日夜转换的神奇	体验薄暮与黄昏中平静和成长的感觉
仔细观察自然事物的模式和形状	审美会变成敬畏
想象水流或水滴从瀑布上落下	从此前的自我确定中摆脱出来,感知"灵魂才是自我的基石"
在一天中的不同时间和一年中的不同时段去体验自然	了解不同动物的活动特征、太阳照射强度的变化及天气等不同因素对自然环境的影响
倾听内心野性的呼唤	渴望回到非人工自然的怀抱
以孩童般开放的态度去接近自然	好奇心和神秘感的激发

象的完整性。当事物只是表象与外形时,自然就具象为一种资源或一组事物而被剥离和掠夺;但当其上升到思想和规律的层面时,便会催生树本身只是一片叶子、河流是更大的一片叶子等辩证反思,自然就有了存续伦理的鲜明属性与意义特征。对此,研究提出了双视觉法得以进行实践的基本路径:

①选择一个非人工的自然对象,如一棵树、一只鸟或一个瀑布。

②描述对这个对象的第一印象。

③采用分析型的意识模式,系统地描述整个对象及其部分和特征＋对象的生物物理、生态和(或)社会文化背景。

④通过冥想或反思等情感活动来唤起一种参与式的意识模式，摆脱在外的、外层的定位，进入畅想的、接纳的状态。

⑤在富于想象的意识模式里，将自我意识投射到体验目标物上，自由地感知与感受其内在本质，利用超感官想象及超视觉的方法，在脑海中保留获得的详细图景，并将相关印象及其具有的姿态予以勾勒与描绘。

⑥对上一阶段中获得的印象与直觉进行反思，并对其特征间的关系进行描述。紧接着，升华到时间与空间的层面，对体验目标物的过去、现在与将来展开畅想，对其在出生（萌芽）、成长（繁盛）和衰老（凋零）各阶段过程中呈现的空间运动进行时间线架设。

⑦最终，与体验目标物在精神与感知层面彻底融为一体，激发体验主体对体验客体发自内心的理解，催生前者对后者及其环境特征新的认知与价值定位。

4.2.2.6 共存伦理是亲生命性景观美学认知培育的终点

艾丽丝·默多克（Iris Murdoch）在《崇高与正义》（*The Sublime and The Good*）一文中提出关注自然、关怀自然、为了自然本是人性之爱的重要构成 [225]。而乔治·桑塔亚纳（George Santayana）在《美感：作为美学理论的轮廓》（*The Sense of Beauty*: *Being the Outline of an Aesthetic Theory*）中也强调：自然形态中发现的许多分形类型能够与超越美的体验和感悟如崇高、升华等连接在一起；这些体验与感悟不一而同会加强体验者对自然对象的理解认同感，或者至少从主观角度来看拉近了两者之间的精神距离，进而激发体验主体的深层次的共同整体感意识 [226]。这种整体感的逐渐堆积最终会促成人与自然间共存伦理的不断生发及成长。

景观美学思想与其环境伦理学有密切的关系，自然的美感建立于自然的客观价值上。自然本身即具有某种价值，不涉及其他附带的考虑，此即内在性价值。生物体只为自己的生命而存在。以泥土为例，若由人类或某生物体来看，泥土看似只有工具性价值；但由生态系统来看，一把泥土是一个袖珍的自然野地，包含了昆虫、螨、线虫、真菌与细菌等，生存于其中的物种都是数百万年历史演化下的产物，储藏了无限多的基因信息。一个细菌拥有约 1000 万位的基因信息，一只昆虫则高达 100 亿位。一团泥土内包含的信息可装满很多个图书馆，其是整个地球自然史的一部分。整个自然史充满了奇迹。自然是生命的源泉，都具有内在价值。自然不只是人类的资源，也是来源。自然是创造性的成就，所有自然创造出来的产物都是有价值的，创造力是价值之所在。同时，每个事物的内在性价值也是上层物体的工具性价值，工具性价值连接各物体的内在性价值，进而形成一个系统的价值。系统的动力把内在性价值与工具性价值融合在一起，不断演化成各种不同层级的生命。从整个生态系统来看，内在价值、工具价值与系统价值皆是客观价值。

无数实践鲜明地体现了自然在促进人类聚居环境面向利好发展中所带来的物理、经济及情感效益。然而，如果能够真正抛开自然对人类的价值，且同时承认大自然其本身固有的道德内涵和意义，则亲生命性的乡村或城市营建或认知框架必然能够使人与自然的命运共同体关系更近一步。首先，从人类的角度出发，只有人与人才有伦理关系，人与自然没有什么应然的关系，此是人类中心主义的观点。但从生态系统角度出发，人只是自然中的一部分，人必须珍惜自然，因为自然中的价值要求我们对其予以保存。人类的生生不息与代代繁衍以地球上其他错综复杂的生命网络演变或进化为背景与基底，同时我们也是这个共同进化且错综复杂的生命网络的一部分，保持这一网络的完整性是我们能够得以存续的唯一希望。因此，亲生命性城市或乡村哲学以承认并尊重其他生命形式存续为基本道德与本质需要，核心主旨在于所有生命形式对空间以及空间承载资源的分享与共享。即在亲生命的人类聚居区中，人类不但应积极寻求对周遭自然的理解和欣赏，同时也愿意为所有生命形式能够和谐共存而贡献自己的一份心力。其次，对共存的诉求与坚持在于对其他生命形式复杂性与精细特征的进一步理解。因为，一方面，我们对有意识的生命尤其是动物群落的能力和生物学的独特品性有严重低估。另一方面，一系列新的发现与探索为我们推开一扇扇窗，让我们得以了解与我们共存的那些迷人的生命形式。我们过去可能太过频繁地根据自身对"智力"的认知和偏见来评判其他形式的生命，无形中不但错失了无数的惊奇与惊叹，同时也相应限制了自身视界、胸怀的延展。

4.2.3　亲生命性景观美学认知培育的空间载体支撑

亲生命性的空间载体是人类与生俱来、与其他生命形式相关联的，亲生物是人类最原始和与生俱来的情感抒发，人类对自然有一种生物学上的依恋等亲生命学说阐述了积极呼应的场所空间。即人与自然间直接的、第一手的接触体验是两者间情感纽带得以维系或深化的最优方式，浸入自然式的实践型环境体验是促进人与自然间相互依存关系得以深化与升华的关键途径。

4.2.3.1　荒野自然是亲生命性景观美学认知培育的本源空间载体

人源于荒野，根植于荒野，从荒野中一路走来。

一部分人认为，人需要城市，却不需要跟荒野自然互动，也因此轻视荒野的价值。但荒野的价值并非人类的经济体系或货币所能衡量。除了孕育生命之外，荒野不但具有支持生态体系的能量和基因、遗传密码，还是进行科学研究的巨大宝库。因此，荒野在本质上是没有价值判断的，直到人类用劳动力将荒野变成人类所谓有用的价值。

著名环境美学家、环境伦理学家霍尔姆斯·罗尔斯顿（Holmes Rolston）指出，万物生生不息的神秘与和谐即生命的本真美。近代以来，洪水般的工业化进程背景下，只有部分因未开发而得以幸存下来的荒野依然保有着生命世界的本相及自然的完美。荒野是生命世界的源与根，它比任何一所大学都更能够教育人们敬畏生命和崇尚自然。置身于荒野之中，人们能领悟生命世界的整体性、统一性及生命形式的多样性，同时学会珍视生命系统中的多种生命形式。回到荒野，就如同回到生命世界去寻根[227]。在荒野中，我们能直接去体验鲜活、生动的自然，进而获得一种在其他任何地方都无法获得的美的体验。超验主义哲学家梭罗坚信荒野中有力量、有野性、有自然的精华。他写道："走向荒野，就是走进未来""荒野中的自然每时每刻都在使我们健康"[228]。奥尔多·利奥波德认为，享受荒野是一种比物质享受更高的"生活水准"，是一种基本人权[173]。而在爱德华·艾比（Edward Abbey）看来，"荒野是人类必不可少的精神家园，它对我们的生命而言就像水和面包一样至关重要"[229]。人类需要走进荒野中去体验生命或自然的宁静、神秘、广阔与美；在感悟自然之美的同时，学会回归自然、敬畏生命的真理。

荒野是未改变的自然模式，可以作为一个健康土地的范本，我们通过荒野可以衡量我们的文明走得有多远，我们对自然的改进有多少。同时，荒野有不可名状的神奇灵性，一旦你投身于她的怀抱，她就能让你意识到自身的渺小，让你明白，世界上除了自己还有很多伟大的事物。荒野是人们情感的疗养所，也是创造力、想象力、亲和力孵化的最佳场所。当身处绿意盎然的自然环境，呼吸森林的芳香、清新的空气，徜徉于树木与花草间，聆听鸟儿的啼声，感受微风吹拂，远眺洒进林间的阳光，用肌肤感受四季的变化，仅仅亲身体会这些森林的元素，便足以让人身心获得疗愈，恢复元气。荒野是人类的宝藏，同时也是用来疗愈身心的灵丹妙药，无论是植物、动物、阳光和温度等都可以让人在自然疗愈的过程中使身心获得重新回归自然的能量，重获健康的身体和宁静的心灵。

荒野呈现了无穷的奥妙，带给生命中无限的惊喜。观察周边事物，一朵花、一片叶，承载的就是一个完整结构的生命。当我们注目观看时，花叶不分俗丽，总能令人体会出独特的美感。景物之所以迷人，就是因为那份蕴含在自然环境里的雍容自在，才会让人的心念存在着一份向往。庄子言：天地有大美而不言；亚里士多德言：大自然的每一个领域都是美妙绝伦的。人与生俱来对自然拥有体验的欲望，想要通过感官进行探索与尝试。因此，荒野不仅是一座丰富多彩的生态教室，能够帮助我们开启多重感官体验，同时也拉近了知识与实践的距离；其不仅能够修复人们的情感创伤，更是我们接触世界、从中学习的最佳途径。人因为与野生动植物和自然环境接触，所以能产生感情、同理心、相亲相依之感，进而会把人类亲生命的感情与情感融贯于对待自然的意识与行为之中。

自然是人类心智活动最基本的背景和基础。荒野自然是亲生命性景观美学认知培育的本源空间载体。回归荒野自然，体验荒野自然，在荒野自然中欣赏天地间生命大美，是亲生命性景观美学认知培育的必由路径。

4.2.3.2 城市自然是亲生命性景观美学认知培育的生活空间载体

一方面，在城市规模拓展、城市化进程加快和经济迅速增长的背景下，城市交通堵塞、环境污染、空间拥挤、生态质量下降等一系列新问题相继出现，极大地剥夺了人与自然接触的机会。另一方面，在城市中，眼前所及皆为人工造景，身为自然物的人类，却处在伪自然化的造景世界里。

当我们在勾勒一幅沉浸于大自然的图景时，脑海中往往浮现的是在林荫小道上散步以及身旁萦绕的悦耳鸟鸣和奔流小溪。但试想，又有多少城市人能够每天花时间去找寻这样的自然之地？

自然不该是我们只能在闲暇之时或定期访问的荒野或自然保护地，与自然的日常性接触本应是人类的一项基本生活与精神需要。城市不仅是区域内与自然最"疏远"的场所，也是高度人工化的人类密集生活居所。因此，如何在城市中以亲生命的思维来营造自然、创造自然，使城市自然成为区域亲生命景观美学认知培育的生活空间载体，是本节着重讨论的内容。

在人工化痕迹越来越鲜明的人类聚居区尤其是城市区域，通过亲生命的设计来创造自然是亲生命城市营建的主要手段。从最基本的意义上说，亲生命性的空间首先是一个自然资源或元素丰富的场所。因此，亲生命性城市自然的营造是一种创新的设计方式，主旨在于将人与自然连接起来，并拉近两者之间的距离。笔者将亲生命性的城市自然营造划分为三个方面的内容，即城市绿色网络、城市绿色活力社区、城市中与自然的一步之遥，分别予以阐述。同时，以每个方面所应包含的核心要素构成、所要达成的规划图景与生活愿景、需要采取的规划与实施方法为三个大类指标，针对每一方面内容进行详细勾勒与框定。

（1）城市绿色网络

我们对河湖、湿地、洪泛区、树林、草滩等自然物进行建造、生产或耕作活动，导致了水体变质、土壤退化、物种流失等各类型的生态问题。与此同时，我们也失去了那些可以激励我们在户外进行积极生活的资源。绿色网络旨在将自然区域、公园和开放空间进行串联，构成保护城市原生自然的战略性空间。绿色网络能够起到保护城市自然原生能力的作用。以河流水系与林木绿色廊道为例，绿色网络的建设不但能够维持其在管理雨水、调控洪水以及水质净化等方面所具有的原生功能，同时也为城市内的动植物提供了必要的原生栖息地。而绿色网络中嵌入的人工化的公园与开放空间意在为城市居民和原生自然进行亲密接触提供公共场所，进而达成促进公众进行户外活动的目的。

城市绿色网络营建应包含的5个核心要素、应达成的6个规划图景、应实现的6个生活愿景，如表4-3所示。

绿色网络营建应包含的核心要素、规划图景与生活愿景　　表4-3

应包含的核心要素	应达成的规划图景	应实现的生活愿景
①有大型的"荒野或原生"自然空间，且维持最低限度的人类干扰； ②有系统化的绿色步道与骑行系统； ③有成体系的公园系统； ④囊括雨水花园、生态湿地、乡土景园、渗水性面层等生态元素； ⑤有界定清晰的河流等自然廊道保护空间	①连接性：所有的公园、步道与"（类）原生自然"空间相互连接，构成绿色网络综合系统； ②荒野自然与驯化自然：有多类型的"绿色"光谱，从修剪整齐的草滩，到树木繁茂的小径，再到原生原貌（或恢复原貌）的荒野，一应俱全； ③水的处理：绿色网络充分模仿雨水管理的自然系统模式，从而起到有效预防洪水、改善水质的功效； ④生物多样性：为动植物提供栖息地，并促进它们之间必要的联系，本地物种比例逐年回升或至少能够维持相对稳定的状态； ⑤保护性：生态敏感型土地被予以严格保护，允许开发的区域通过生态友好型的指导方针得以规范性引导； ⑥规划协作：城市与城市、城市与乡村、城市与区域间形成合作关系，维护大区域绿色网络完整与健康	①绿地占城市建设用地比例连年增长； ②市民在城市绿色网络中的户外活动明显增加，孩童常在森林、草滩、小溪和湖泊边玩耍； ③市民在公园或绿地之间发现了新的亲生命性绿色通廊，可以骑行数里而不离开大自然； ④河湖堤岸不再受到侵蚀，滨水空间的自然风貌恢复明显，河流、湖泊中的水清澈干净，可以安心进行垂钓等亲水活动； ⑤暴雨时，没有严重的洪涝灾害发生； ⑥在城市中能看到越来越多的野生动物

绿色网络营建的规划需要涵盖以下7个要点。

①对当前城市中各类型的绿色空间现状进行摸底排查，评估其进行两两连接的可能性以及面临的主要难点。以调查数据为基础，绘制包括有公园、开放空间、雨洪调蓄区和林区等在内的城市绿色空间地图。

②环境条件评估。评估城市中所有土地的环境条件，并以城市未来成长预期为导向，明确哪些地块或区域有待被纳入绿色网络。这一过程中要考虑的条目包括：湿地、河流、河流洪泛区或河滩地范围（图4-3）、河流主要流动路径、向河流排水的方式（图4-4）、土壤质量、地形、植被、物种丰富度、沙质土壤、关键自然资源区等。

③开发前的保护区划定。根据环境条件评估和现有网络条件确定保护区数量与位置。同时，根据城市成长预期，为城市未来发展预留（或提前划定）相应的保护区。此外，应考虑在已开发的地区重建自然走廊。例如，当住宅或企业所在的位置为生态保育区时，如果选择择址重建或进行迁移，所占土地应该恢复到自然状态，而不是重新开发。

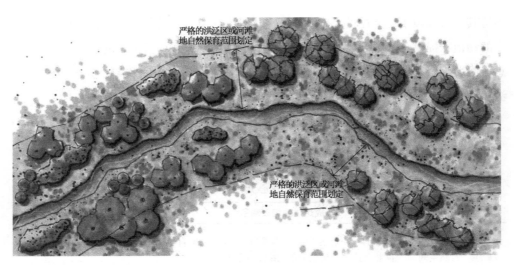

图4-3　河流洪泛区或河滩地的自然保育范围划定

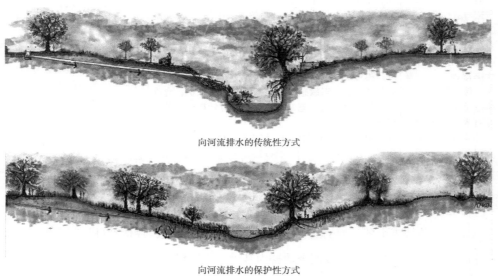

向河流排水的传统性方式

向河流排水的保护性方式

图4-4　向河流排水方式的转变

④在大面积的自然区域和自然廊道间保持平衡。尽管有些物种可以生活在边缘性的廊道空间中，但许多物种往往需要大片的自然区域方可得以存续。因此，同时保有大型的自然区域和小型的自然廊道对绿色网络的生物多样性维持功能具有重要意义。

⑤确定空间的性质。"荒野"还是"训化"。荒野空间指未被开发的空间，没有或极少有人类的涉足。这些未受干扰的区域是许多动植物生长所必需的场所。而绿色网络中"训化"的空间则包括公园、步道和水上步道等人工营建的场所，是人们进行户外体验及亲近自然的主要空间载体。

⑥良好的自然区域可达性。将所有居民纳入200~400m的自然区域步行可达范围内。同时，自然区域与居民居所间有绿色街道或绿色小径连通。

⑦区域合作伙伴关系的建立。各区域行政管辖区间保持协调，创造连续性的区域公园系统和开放的空间体系网络；与学校系统及相邻行政管辖区合作，形成区域性的公园及开放空间共享机制。

城市绿色网络营建的空间规划实践示例如图4-5所示。

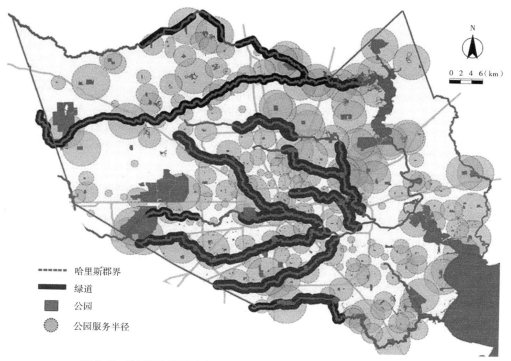

图4-5 美国得克萨斯州哈里斯郡的绿色网络规划图（2012~2035年）

来源：https://www.swagroup.com/projects/bayou_greenways.

绿色网络营建的实施应注重对10个方面的内容进行统筹与管理，包括：对河流、湖泊等水环境空间的缓冲区的设定，对水系的河漫滩发展的管控，对业主退出自然生态地的相关奖励性措施制定，出台并实施相应的《雨水管理手册》或《雨水管理条例》，创建城市性的雨水公共设施，修订分区条例来促进绿色空间增长，成立流域管护专门机构，为土地利用、公园区、步道区及三者形成的混合区创建区域发展计划，促进开发商和市民对绿色网络价值的认知与认同，强化土地开发与绿色空间补偿的机制轮转（表4-4）。

（2）城市绿色活力社区

社区是一群居民共同住于一地、一区域所形成的人为引入区块，具有生活空间与环境资源共有、共用、共享等典型属性，是区域特征鲜明的生活文化圈，也是人类群

绿色网络营建的实施内容　　　　　　　　　　表4-4

条目	具体内容
①对河流、湖泊等水环境空间的缓冲区的设定	利用河漫滩范围或指定固定宽度，明晰可开发地与河流、湖泊之间的刚性隔离距离
②对水系的河漫滩发展的管控	城市可通过法令，以完全禁建、限制性新建、低影响开发等划分方式，对河漫滩地的发展与保护进行严格管控
③对业主退出自然生态地的相关奖励性措施制定	为农民和其他业主提供税收优惠或其他激励措施，引导其改变种植模式或退出自然生态地，恢复溪流周围土地自然性和（或）阻止河岸土壤继续受到侵蚀
④出台并实施相应的《雨水管理手册》或《雨水管理条例》	手册或条例应鼓励或要求低影响的场地设计，为天然雨水流动预留开放空间。雨水花园、生态湿地、乡土景园是满足雨水自然流动需求并能够有效增加城市绿色空间的典型案例
⑤创建城市性的雨水公共设施	创建雨水公共设施，形成城市自然"绿色"雨水系统
⑥修订分区条例来促进绿色空间增长	分区条例应鼓励保留更多绿色空间的发展设计。例如，自然保育性发展或场地设计提倡把住宅集中在一起，以预留更多土地作为自然空间
⑦成立流域管护专门机构	流域管护专门机构旨在推动市、县、水土保持区和其他地区在流域管护方面形成合作与协同的关系，促进区域内以整体性的架构面向制定环境保护和自然体验计划或规划
⑧为土地利用、公园区、步道区以及三者形成的混合区创建区域发展协作计划或纲领	区域项目实施始于区域规划。在规划过程中，城市与周边城市、区县的合作与协作需要贯彻始终
⑨促进开发商和市民对绿色网络价值的认知与认同	如果没有对绿色空间的益处以及创造这些益处的实践的集体理解，创建一个完全连接并健康的绿色网络便无从谈起。绿色网络的成型与成功需要城市各利益相关者的共同参与和合力共筑
⑩强化土地开发与绿色空间补偿的机制轮转	要求开发商在新开发项目中拨出土地用于公园建设

聚生活的栖息地和群体心灵的归属地。因此，社区是最能让人形成情感记忆与归属依恋的地方。而社区内与自然元素的亲近不但能够使人们的心灵不断得到净化与升华，培养其热爱大自然的情怀、情感与情节，同时对于其更加透彻地理解自然，更加深挚地热爱自然，更加自觉地保护自然，具有重要意义。

城市绿色活力社区营建应包含6个核心要素、应达成的5个规划图景、应实现的7个生活愿景，如表4-5所示。

城市绿色活力社区营建的规划涵盖以下4个要点。

①绘制社区的有形与无形资产地图。明晰社区当下已有的资产和资源，并对缺失的部分进行分析与界定。需要考虑的内容包括社区有形资产和无形资产：有形资产包括公园、学校、街道和建筑物等现状条件，无形资产包括社区公众群体性格、邻里关系、历史沿革和身份认同等人文特征。

②进行社区土地使用与密度控制导引。社区土地利用与规划应鼓励住宅、商业及

绿色活力社区营建应包含的核心要素、规划图景与生活愿景 表4-5

应包含的核心要素	应达成的规划图景	应实现的生活愿景
①在社区各类空间中营造出更丰富的生命元素及更多的绿色面积； ②营造经由动植物线索串联并囊括有住宅、商业、文娱和办公等多功能的综合生活空间； ③建立绿色片区的认养、保育责任机制或建设小规模的公众参与式苗圃、农场等设施，以增加社区居民与其他生命的长时性体验互动； ④通过绿色环境的营造及生命载体元素的接入，如种植适于鸟类栖息的树种等，创造出亲生命性的公共活动空间； ⑤为孩童（以及成年人）提供以自然元素为线索的长时性游戏与嬉闹空间； ⑥将通风、微气候、日光、阴影、芳香植物、声景等自然元素进行统筹考虑与网络化设计	①多维绿色：社区对各类空间的绿化与生命化予以积极引导、扶持并进行统筹规划，形成多维的社区绿色环境； ②便捷可达：居民可借由多选择性的绿色路径搭配与组合，完成在居所与附近商店、学校、公园等不同类别场所间的穿梭，享受绿色便捷出行； ③适于步行：社区有完整且直通的步行小径和人行道网络，行进过程中能体验到周边环境中自然元素带来的丰富知觉意趣； ④户外引力：构（建）筑物外环境营建注重公共艺术美学表达，以增加公众户外活动发生机会与时长，所有场地的景观美化、街道雨水种植、街道树木栽植等都能够提供大量的"绿色与生命"元素； ⑤健康活跃：市民有多样化的户外空间体验选择，可通过公园、休闲中心、步道等多种途径融入大自然、疗愈身心	①常常能看到邻居在人行道上、树荫下或景观小品前热络聊天； ②因为绿色与活力特征鲜明并不断强化，社区内的房屋买卖与租赁变得异常抢手； ③大多数孩童因为能在路途中与自然有更多互动，而更愿意以步行或骑行的方式去学校上学； ④游客会经常造访社区，会与绿色植物、水体等特色景观合照留念； ⑤因为渴望获得更多与自然接触的机会，社区居民更喜欢通过步行或骑行的方式在社区或周边进行游憩、就餐、购物等日常活动； ⑥社区内随处可见散步、慢跑和骑行的居民穿梭于繁茂的草木间； ⑦绿色已成为社区居民身份认同的重要构成，在社区居民心目中享有独特的地位，社区居民因绿色而获得了更多的幸福感，并常常受到生命共同体式的启发与鼓舞

绿色空间的混合配置；同时，应提倡建筑落地的紧凑型布局，以留出（预留）更多土地进行绿色空间营造。

③以社区公众设计偏好为导引。与社区公众合作，进行社区居民视觉偏好调查，找出最适合社区的建筑设计、景观美化和街景设计的风格与特色。

④通过公共项目实施，逐步形成社区活力与亲生命性生活指南或准则。以公共项目试点实施为切入点，呈现并引导社区居民养成亲生命性的生活模式。

城市绿色活力社区营建的实施应注重对以下6个方面的内容进行统筹与管理：创建新的社区目的地；形成建筑和景观设计指南；设定最小街区尺寸；与私人业主接触，商讨消除混合型社区建设中的主要障碍；实施公共和私人试点项目；实施一个公共艺术项目和（或）创建公共艺术委员会，如表4-6所示。

（3）城市中与自然的"一步之遥"

城市亲生命性的另一核心属性是活力生活与自然之间仅有"一步之遥"。在亲生命性的城市中，市民不必通过长途跋涉去探寻自然，大自然近在咫尺并已成为市民日常生活中不可分割的重要构成。因此，亲生命性的城市设计还在于激发市民走向户外的活力，创造其与自然互动的可能。例如，亲生命性的建筑与街道不仅是与自然元素深度融合的空间骨架（图4-6），其同时也是公众进入更大自然区域的入口与通道，旨

绿色活力社区营建的实施内容　　　　　　　　表4-6

条目	具体内容
①创建新的社区目的地	根据社区资产地图，与社区委员会或其他政府组织合作，以鼓励居民聚集参与、外出体验和游憩放松等户外活动增长为导向，规划和营建新的社区目的地（如社区花园、公园、游戏区、公共庇护所等）
②形成建筑和景观设计指南	社区建筑和景观的设计与布局可以极大地影响社区是否"适合步行"或"绿色"。社区可以形成指导性的设计指南或标准，以统一规范社区活力生活和亲生命性设计。例如，建筑的微微后退往往使建筑离街道更近；不在公共区域设置长而空白的墙面，应以门窗、艺术品、互动景观或其他设计元素来激活步行环境
③设定最小街区尺寸	十字路口间的间距过长会增加行程长度，进而对活力交通的形成有阻滞效应。小街区尺寸是活力社区建设的优势条件
④与私人业主接触，商讨消除混合型社区建设中的主要障碍	公共部门可通过与私人业主友好协商的办法，并利用迁移补偿或其他市场机制，消除混合型社区建设中的主要空间占用障碍
⑤实施公共和私人试点项目	公共建筑需要新建或翻新时，应积极引入活力和亲生命性的设计价值元素，营造出"走进自然"的空间特色或氛围，旨在引导居民慢慢形成活力健康的亲生命性生活模式
⑥实施一个公共艺术项目和（或）创建公共艺术委员会	公共艺术项目促进行人聚集，向居民展示艺术如何让一个社区充满活力，为邻里间提供彼此互动的场所。同时，艺术也往往是将人们引入自然的重要途径，能促进其与自然世界的更多互动。公共艺术的形成与延续需要公共艺术委员会的经营与统筹

图4-6　新加坡医院、酒店建筑和自然的融合

在促成市民与自然间的日常性休闲接触；同时，与自然的邂逅更是我们对身旁诸多微观自然的用心体验。它其实就在我们周遭，是台阶上的蟋蟀，是草木中的飞鸟，也是脸颊上迎面袭来的微风。而我们所需要做的就是要知道去哪里看、去哪里听以及如何用心来感知。

　　城市中"一步之遥"的自然营建应包含7个核心要素、应达成的4个规划图景、应实现的7个生活愿景，如表4-7所示。

"一步之遥"的自然营建应包含的核心要素、规划图景与生活愿景　　表4-7

应包含的核心要素	应达成的规划图景	应实现的生活愿景
①清晰且具有吸引力的入口空间，引导人们进入自然区域；②充满了"绿色"景观的街道，形成小型线状公园；③融入植物、水景等自然元素的建筑外立面；④公共性的建筑屋顶花园；⑤建筑和景观小品设计将小鸟、虫子、阳光、风、雨等微自然元素考虑在内，以加强亲生命感知；⑥类生物形态与色彩的建（构）筑物样式、立面、装饰及图案设计；⑦空间与场所的塑造尽可能选用天然材料，如木材、竹子、卵石、岩石等	①与自然的整合：建筑遵循亲生命性的设计原则，将自然融入建筑结构中，包括对生命墙、绿色屋顶、立体种植、自然光等的多样化利用；②绿色的海洋：城市的每个角落都充满自然生命，承载和欣赏花鸟虫鱼、阳光雨露等微自然元素的平面和立体空间随处可见；③易达性与易入性：很容易找到和到达公园、水面和其他开放空间，每一自然区域都有清晰的指引标志和快速直达的通道；④全年活跃性：即使在严寒与酷暑季节，也可以借助室内种植及其他公共性设施来保障亲生命体验的可持续性	①孩子们经常把放大镜放在书包里，用于在课间观察昆虫与花草；②每个人在指路时都能以公园和自然景观为参照；③能从居所或办公室的生命墙、院内菜地等收获果实，享受种植的喜悦与感动；④室内运动的人在减少，更多的人选择在户外自然环境中奔跑与嬉闹；⑤城市中的人与自然能够保持日常性互动，时时刻刻都与大自然联系在一起，哪怕只是简单如浸润于熙阳与和风之中；⑥每个人在生活、学习及工作之中都有机会接触某种自然空间或至少是某些自然元素；⑦对微观自然的悦纳：居民每天都能意识到周遭鸟类、昆虫、风、雨等微观自然元素的存在

在"一步之遥"的自然营建中，其规划涵盖以下3个要点。

①对微观自然的理解。人类聚居区是自然系统和建筑环境的动态交织，同时也是许多物种得以栖息的生态系统依托，小如屋顶与庭院、大如公园与绿地等空间往往为无数生物小群落提供了庇护与繁衍的一片天地。同时，即便身在如城市这样高度人工化的环境中，日常我们还是在以多种多样的方式感知自然：昆虫、鸟类、小植物、风和阳光等都是可以渗透到城市任何角落中的自然元素；享受与大自然的视觉连接，聆听那些来自自然的声音（夏天夜晚如蝈蝈、蟋蟀、青蛙等的叫声总是在强化场所感乃至驱赶孤寂感等方面发挥着无可替代的作用，而白天如蝉鸣、鸟叫等也往往是都市人甜美音乐的重要组成），并最终激发甚至扩展我们与周遭环境中其他生物共享城市空间的博爱之心。笔者在过往的视觉美学相关研究中也发现，在有关城市居民对同一图片的评价中，当听到鸟叫声时，参与者对图像的评价更为积极，而当听到多只鸟在唱歌时，其对图像的评价则会愈发正面。即鸟类的歌声着实增强了人们对城市环境的正向体验。此外，手拿一块光滑的鹅卵石，抚摸一棵树的树皮以及嗅闻花草、树木、果实等散发的芬芳也都是将我们与地方进行连接并带给我们亲生命体验的良好方式。自然其实就在我们的眼前，仅仅是缺乏一双发现自然的眼睛，我们便经常与其失之交臂。因此，如何积极引导人们去识别和理解我们周围的"微生态"，是"一步之遥"规划的文化内涵。

②室内亲生命性绿色环境的营造。现代生活的现实是，多数人一天中的大部分（约90%）时间都是处于办公或家居类的室内环境之中。而新鲜的空气、全光谱的自然光、绿色植物以及其他各类型的自然性生长都会对室内环境中生产力甚至情感情绪的表达带来正面的影响。因此，建筑内部空间的亲生命设计是亲生命城市营建的另一个重要方面，同时也是创建城市健康空间和场所进程中的重要组成部分。相关设计如室内绿植生命墙（图4-7）、自然通风、自然采光、盆栽树灌木与花卉乃至森林中庭等实践都是成本可控并且易于实现、效果较佳的相应方法。但有必要强调的是，室内亲生命的设计绝不可能是室外亲生命环境的替代物，而只能是必要补充与锦上添花。

图4-7　建筑室内空间中的自然生命墙

③绘制"绿色沙漠"地图。在社区里找出一些缺乏自然环境以及相应互动设施（如人行道、步行道或自行车道）和（或）没有休闲中心或公园的地方，将其作为新绿色项目落地或增补的关键区域。

"一步之遥"的实施应注重对7个方面的内容进行统筹与管理，包括：创造并加强通往自然的"通道"；把街道变成线性公园（图4-8）；教育公众认知微自然；提供通往公园、绿色小径及休憩用地的指引设施；改造人行道系统，促进其与自然区域的连通性；将草坪转换成原生草地，并配套相应的生态教育解说标志；创建设计指导方针，鼓励亲生命性的建筑设计，如表4-8所示。

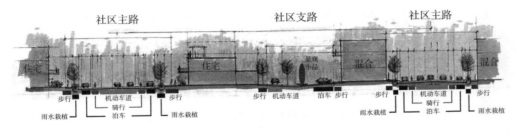

图4-8　线性公园式街道设计

"一步之遥"自然营建的实施内容　　　　　　　　表4-8

条目	具体内容
①创造并加强通往自然的"通道"	在建筑环境与自然环境交汇的地方，创建开放空间，设置长椅、庇护所或其他设施，突出其通向自然的"通道或入口"的特征。例如，当街道穿过小溪时，人行道与水面之间应有小径进行连接；大型的自然空间和公园应有沿街性的"公共边缘空间"，提供空间和视觉的可达性，为两者间发生互动创造可能
②把街道变成线性公园	使街道成为活力的、自然的走廊，对步行、跑步和骑行等娱乐和交通行为有较高的友好性。利用大量的街道树木栽植、雨水花园培育、街道中央造景等"绿化"手段，将街道打造成为块状或连续的微型生境系统
③教育公众认知微自然	通过街头解译、合适的工具（如公共显微镜）、特定的微观自然项目以及在街道、建筑、居所中引入自然栽植等微观尺度手段，将各年龄段的居民与其生活中的自然元素联系起来
④提供通往公园、绿色小径及休憩用地的指引设施	优良的指引设施可以极大地方便进入自然区域的便利性，并能够优化相关体验
⑤改造人行道系统，促进其与自然区域的连通性	居民与连接自然区域的街道间的距离应维持在200m步行范围之内
⑥将草坪转换成原生草地，并配套相应的生态教育解说标志	与草坪相比，原生草地在改善水质、减缓水土流失和保护土壤、维持本地草生物种生存等方面具有明显的优势。例如，即使是在很小的一块原生草地中，也会充满着各式各样的小生命，其本身就与自然世界有着某种意义的联系或连接。因此，草坪草向原生草的改造过程本就是非常有意义的生态美学认知教育过程：人们看到的不是"平整无奇"到"杂草丛生"，而是大自然的奇迹演变
⑦创建设计指导方针，鼓励亲生命性的建筑设计	亲生命性建筑旨在将生命元素融入建筑之中，使人与自然联系起来。亲生命性建筑的特征包括绿色的"生命"墙、充足的自然光、天然材料、室内水景、绿色屋顶或其他能够唤起自然遐想或感悟的图案和纹理。创建亲生命性的设计指导方针，意在帮助建筑设计师和开发人员了解如何营建一个亲生命性的建筑

（4）城市自然营建的进一步思考

　　地质、水文和其他景观模式为人类聚居地创造了河流、山脉和峡谷等物理和视觉背景。每个城市都因其独特的地貌、天气和气候条件而呈现出差异，并同时为城市自然的差异进化提供了异常宽广的舞台。而自然在城市中的存在可大可小。例如，在巴西里约热内卢市中心占地3300hm²的蒂茹卡国家公园（Tijuca National Park）内，总能看到三趾树懒和槽口巨嘴鸟的身影；而在肯尼亚内罗毕国家公园（Nairobi National Park）中、城市天际线背景下，斑马、狮子和长颈鹿或奔跑或休憩的景象往往能够尽收眼底；其他如澳大利亚悉尼和布里斯班的灰头狐狸、美国旧金山近海岸的灰鲸、新西兰惠灵顿港的虎鲸等野生动物的生动画面，也都不一而足。但我们却也往往容易忽略周遭环境中的微小生物现象。事实上，无论现实中还是科学家、小说家或者生物学家笔下，城市的微生物王国、各类微生物的前世今生、微生物间的彼此影响抑或这些生物体非比寻常的外观和行为方式等都极具魅力，是满足人类奇妙感、乐趣感及神奇感的重要源泉。

亲生命与亲生物的人类聚居区需要充分利用其内在与周遭的自然禀赋。因为自然就在那里、近在咫尺且无处不在，我们所需要做的就是确保自己的身体和视觉能够接触到更多的自然特征与品质。优秀案例如美国的纽约、里士满以及欧洲的巴尔的摩、奥斯陆等城市在规划中都试图通过不同的方式（如新的海岸线公园、新的步道和接入点等）来达成与水系的更多新连接。同样地，许多城市也都试图在视觉与河流、海洋或山脉等自然元素间建立联系。因为，当一个人从窗户、屋顶或楼梯井瞥见大自然时，无论这一图景是大是小，其都会有快乐、慰藉、减压的积极效用。另外，城市内外像城市土壤生物群落以及其他形式的微有机生命通常是隐藏起来或肉眼不可见的，有如海洋和水生环境中的生物生活在水下，超出了人们的典型视觉和物理接触范围。因此，培养对此种类型自然的意识兴趣和情感关怀可能需要一些不同寻常的创造性策略，同时这也是亲生物（亲生命）城市品质营造的一个关键所在。

城市中的自然不但是野生或半野生条件下预先存在的实体，同时也越来越鲜明地体现着人类对其进行干预或影响的踪迹。而且，有越来越多的人认为，建筑和建筑环境与新型绿色元素或特征的有机整合（从生态屋顶到垂直花园和立面、从空中公园再到生态桥梁）是彰显亲生命性城市主义设计思维与观念的最有力体现。即纵使生活在高密度垂直的城市高楼里，如果仍然可以找到与自然世界联系的方式或通路，将带来极其非凡的乐趣与体验。同时，亲生命性的设计实践以及这些实践所带来的空间增长也确实为生物多样性在不同时空维度上的可能延展创造了通路与机会。例如，纽约绿色屋顶呈现的是与地面城市公园情况相异却又功能上互补且色彩缤纷的真菌和地衣多样性；在伦敦，研究者在绿色屋顶发现了大量"全国罕见或稀缺"的无脊椎动物生命形式；而米兰的每一幢垂直森林（Bosco Verticale）住宅塔楼都可以利用其梯状种植的90多种、900多棵树木，5000多株灌木以及11000多簇花卉植物组成的植物生态系统来不断吸引新的鸟类和昆虫到来。

因此，除了屋顶与垂直绿化、景观视域连通、室内小自然氛围营造、滨海与山川景观资源可达性优化等规划与设计手法，一个城市如若能够以声景观地图、视景观地图、味景观地图甚至鸟生境景观地图、微生物景观地图营建的精致来激发其亲自然的气质或氛围，则将是真正的全域且全方位的亲生命环境培育。

4.3 区域亲地方性的景观历史线索串联

4.3.1 景观历史重要性的内涵解释

景观历史由与景观发展相关的所有事件按时间关系排列而成,今天的任何针对景观的规划实践活动都可能成为影响景观未来发展的重要因素。所以,景观历史在对景观进行过往历程描述、现状体征分析及未来发展走势衔接方面具有举足轻重的作用。随着 20 世纪 60 年代环境保护主义的兴起及对景观作为有机生态系统认识的提高,越来越多的规划者认识到:景观的变化与演化是其永远不变的主题。1971 年,英国景观规划师布赖恩·哈克特(Brian HacKett)在其著作《关于景观理论与实践的介绍》(*Landscape Planning*:*An Introduction to Theory and Practice*)中重点强调了动态景观规划的理念,描述了在整个规划序列过程中景观历史是如何影响景观发展的 [230]。当代的景观规划理论也基本认同景观变化的不可避免性。然而,即使规划中历史元素的需求日渐高涨,但对于景观历史以什么样的形式出现或者应该在景观规划实践活动中发挥什么样的作用却缺乏正确的引导。当前,大多数情况下,景观历史在景观规划活动中都以象征意义的序幕出现,作为规划方案适宜性分析的一部分或土地利用决策的参考部分直接出现在规划说明的历史文献阐述中。

景观规划在两个时间层面体现出了其历史属性:一方面,景观规划在动机方面有短期与长期之分;另一方面,规划一旦实施,其自身必然会成为景观发展的一种历史进程。寻求长远的规划目标与成果是当前景观规划的重要共识。但是,目前关于景观规划的实践活动除了强调通过最大效率来达到景观资源的持续循环以外,对关乎景观真正生命力的时空要素却漠不关心。另外,有些景观规划方面的文学作品片面渲染景观的非动态理想模型,忽视环境变化的必然性、随机事件的普遍性及目前持续增加的人口状况。所以,景观规划必须具备追求长远目标思维的能力,方能为未来提供科学可行的景观发展选项。景观规划本身也是一种针对景观客体的时效性实践活动,一旦实施,将成为景观发展进程中的一个组成部分。景观的发展没有任何的确定性,但是,为了使景观规划活动产生持续的积极意义,规划活动需要尽可能地融入景观发展的序列中去。因为景观规划实践活动非常有可能成为景观变迁进程中的一个重要节点,在某种程度上影响景观未来的发展走向。

景观不断变化着的特征成为其具备历史考察价值的因素之一。在景观历史研究的每一个阶段都要秉持一种动态的景观历史观。即昨天的环境与事件塑造出了我们今天所看到的景观,而未来的景观之所以能够成为遗产,也是今天发生的一系列相关进程造就的。以一个世代的人的经验去描述一处景观是不准确的,这种短期视点下的景观甚至可能不会有什么明显的变化，充其量只能描述景观发展历史长河中的一个短暂片段。任何没有相对持续的动态景观历史观，不理解其发展演化路径，任何针对景观未来变化作出的预见都是不科学的。

4.3.2 景观历史线索串联中存在的主要难题

当前，景观历史的研究还局限在关乎物质与时间的主线上。然而，随着景观实践活动对景观历史研究质量要求的不断提高，景观历史研究的方方面面会越来越多地涉及自然科学、社会科学及人文科学等学科知识的解释与支撑。在景观历史的研究中，历史元素的系统性是不能被忽视的。随着基于景观规划的景观历史研究的不断发展，在其边缘或者内部地带会存在单一学科不能解决的复杂问题，对这些问题的认知和研究能力需要借助相关的学科。在其他研究领域，如人口健康、考古等课题的不断突破与创新，均得益于多学科的交叉支撑。综合学科研究必然会成为今后景观历史研究的方向。

（1）缺乏理论支撑

近年来，基于景观规划的景观历史研究参考了环境历史学及生态历史学方面发展的许多经验，但由于其既不是纯粹传统的对某一物体的调查也不单单是对一段公众或环境历史的考证，结果都不尽如人意。以生态科学或者环境历史的视点去观察一处景观往往显得不够全面。然而，现实中规划者往往是在缺乏足够理论方法支撑的情况下被迫进行景观规划实践活动。因此，基于景观规划的景观历史研究体系亟待形成。

（2）缺乏数据支撑

摆在景观历史研究者面前的另一个非常棘手的问题是必要的数据可能不存在、不可用或很难去查找。英国景观学者戈登·G. 惠特尼（Gordon G. Whitney）在其 1994 年出版的著作《从沿海荒漠到肥沃平原：北美温带地区环境变迁史（1500—1994）》（*From Coastal Wilderness to Fruited Plain：A History of Environmental Change in Temperate North America，1500 to the Present*）中提到："景观历史研究的难点在于满足生态学背景下严谨的量化数据要求及这些数据的可证性，环境变化及成因方面的特点使严格的科学分析几乎不可能：其一，用量化的方法去确定环境问题中的一些因素很难；其二，受各方力量相互作用的影响，环境方面的变量是相当复杂的，正面与负面的反馈很难去辨别；其三，许多事件可能同时发生,但很难确定促成其发生的原因及后续影响" [231]。由于景观研究的非传统性及相对新颖性，而且没有所需信息的查询数据库，景观历史研究像探秘者的工作一般，研究者需要搜索无数的线索来找出有用的信息。使情况更为复杂的是，许多具有丰富生物特征及其他自然属性的景观已经不复存在，此方面的信息很难去完整地呈现。另外，在景观历史的研究素材方面，通过文献查阅、现场勘测、考古调查及口述历史等手段获得的历史数据相对模糊，为景观规划者对其进行甄别和筛选提出了严峻的挑战。此外，景观历史方面的研究在不断深化的同时变得越来越复杂，不同的景观个体研究所要求的数据差异越来越明显，在研究深度与科学形式上提出了更高要求。

4.3.3 景观历史线索串联的方法

4.3.3.1 区域景观历史背景的基础解析

区域景观历史背景包括三方面的研究内容：景观区位与地理状况、景观生态系统和景观文化进程。三者都是最为基础的研究板块，涉及的信息贯穿于景观历史和景观规划的始终，为构建景观历史研究系统提供最基础的保障。景观区位地理背景下的能量流动、物质流动或生物流动都能够对景观的进化路径产生巨大的影响。通过研究景观规划的区位地理背景历史，能够找出引起景观发生变化的外部诱因，同时为景观规划提供多种重要的切入视角。基于景观规划的景观生态系统历史旨在揭示构成景观生态系统的各组成元素的发展历程，通过分析、整合自然与人类对景观的影响路径，对涉及景观生态系统健康的活力、恢复力、抗干扰能力及组织结构等指标进行评估。作为自然与人为因素的一种整体表达，文化进程对景观物质形象与景观文化系统自身的变化产生显著影响。我们一般认为景观文化系统由文化、社会及经济组成。文化能够代表景观所处地域族群的多元信仰组合，社会反映了个体与个体、个体与群体及群体与群体之间的交往互动关系，经济显示个体与群体同资源之间的连接形式。

4.3.3.2 景观发展节点历史事件的深入挖掘

1993 年，美国景观师詹姆斯·F. 索恩（James F. Thorne）在其著作《景观生态学——绿色通道设计的基础》（*Landscape Ecology*：*a Foundation for Greenway Design*）一书中提到："随着时间的推移，发生在景观内部的特殊的能量与物质的流动能够为其塑造全新的结构和功能特征"[232]。他认为景观结构或功能性的转变可以迅速生成也可以逐渐发生，如大火或者快速的城市郊区化能够广泛地影响景观的结构发生变化，而如环境生态因素方面的长时间累积变化也可以促生相同的结果。

景观节点历史事件便是影响景观轨迹发生显著改变的重要进程，也是景观历史的一个重要研究对象。每一处景观都有影响其发生重要变化的一系列节点历史事件，每个事件的影响模式也不尽相同。同样的事件对今天和 100 年前的相同景观客体发生作用，产生的结果可能会有极大差异。因为并不存在一种办法来提前预知影响的结果，而且，一个事件的重要程度会因观察视点及尺度的不同而结论各异。

在景观历史的调查阶段，应该具有多维景观发展时序视角，并尽可能全方位地去了解景观的全部重要节点历史事件。即以 1000 年、100 年、10 年或者其他任何一个时序点去观察景观发展的进程都是非常必要的，因为对景观产生巨大影响的节点事件可能发生在任何一个时序点上。不同时空尺度的节点事件关联性研究能够有效地为景观创建发展时间帧，为分析及研究提供了极大便利（图 4-9）。

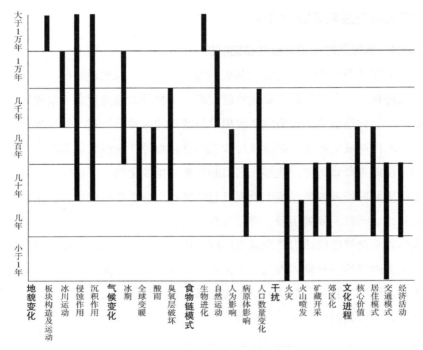

图 4-9　一些景观进程节点对景观发展的影响时长

近年来，以节点历史事件的发掘为突破口来构建景观历史研究系统的实践活动越来越多。马蒂厄·吉拉迪（Matthieu Ghilardi）等在 2010 年针对 Klidhi 桥残拱（位于希腊中北部萨洛尼卡平原）节点历史事件的发掘研究中，利用孢粉组合、碳酸钙含量、介形虫指标、介形虫碳氧同位素等指标，结合 210Pb、137Cs 以及 AMS C-14 年代数据建立的年龄模式，发现了如湖泊退化、沼泽障碍、古罗马战争、铁路修建等节点历史事件对 Klidhi 桥从出现到颓败整个过程的重要影响 [233]（图 4-10），从而为 Klidhi 桥的保护、周边历史背景重建及针对其开展的其他方面的研究提供了重要依据。

4.3.3.3　景观近期数据的科学采集与分析

景观近期数据的科学采集与分析是景观历史研究中非常重要的一项内容。近期景观客体所呈现的状态由其经历的各历史时期综合作用而成。作为追踪历史与预测未来的基础阶段，其数据采集与分析的严谨性和科学性直接决定了景观历史研究质量的优劣程度。

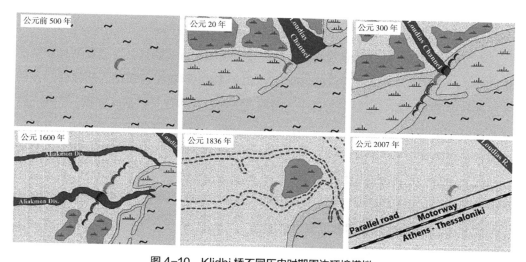

图4-10 Klidhi桥不同历史时期周边环境模拟

来源：Ghilardi M，Genç A，Syridesc G，et al. Reconstruction of the landscape history around the remnant arch of the Klidhi Roman Bridge，Thessaloniki Plain，North Central Greece[J]. Journal of Archaeological Science，2010，37：178-191.

　　由于种种原因，早于近期阶段的关于景观客体的某些数据可能不完整或缺失，导致早期景观客体各方面历史脉络关系的建立存在断点。相比于早期阶段，近期阶段有大量翔实可靠的数据资料作支撑，使此阶段的景观客体能够最完整地呈现成为可能。根据景观利益相关者的生命周期，本书推荐将景观近期数据的采集时长设为100年，即景观近期数据为目前呈现的状况与前100年内历程状况的总和。如此，景观的近期数据采集源主要有以下三个。

　　①关于景观客体的近期文献资料，包括所有描述与记录景观的书籍、报道、统计资料等方面的信息。

　　②景观客体利益相关者对景观客体的印象描述，不同年龄层次的相关者对景观的不同时间段状态的表述能够为数据的采集呈现非常形象化的脉络体系。

　　③了解近期针对景观客体的所有自然与人为的实践活动，探究近期景观发生变化的主要诱因与推力。

　　当构成近期景观历史的所有数据都处于能够知悉的状态时，科学严谨地去分析这些数据就成了重中之重。首先，必须以针对景观的各实践活动为切入点，以近期文献资料与利益相关者印象描述为基础，为景观近期发展历程建立清晰的发生时间段的先后关系，每个时间段都应该客观反映景观在此阶段内的基本状态及结构功能特性。其次，以时间序列关系为依托，在更细化的时间层面挖掘触发景观发生改变的相关因子，一方面为早期景观历史的反推研究提供可能，另一方面为未来针对景观的预测及实践活动提供最新的参考及引导。

4.3.4 景观历史线索串联的效益分析

在景观历史的影响下，景观规划中的描述、预测、方案制订必定会逐渐趋于科学化；同时，景观规划应该不断调整与反复推敲的理念也被越来越多的人所接受。各种景观规划中的方法都可以归纳为四个重要阶段：规划客体背景数据库建设；事件、问题及期望结果的识别；规划方案的制订，包括分析、预测、场景模拟及决策；方案的实施，包括物理干预、制度设计、监测和评估。这四个阶段不是完全连续或完全分散的活动，而是交互式的活动集。景观历史在早期数据库的建立、中期问题识别及最后的方案制订三个方面均能够发挥优化的功能。

4.3.4.1 景观规划背景数据库得到加强

景观规划背景数据库建立的主要目的是准确地描述景观。景观历史在规划的此阶段能够发挥最有效的作用：通过展示景观的生态阶段、文化进程、节点历史事件及近期状况等进化关系，对景观的动态历史进程进行深度扩展，完整呈现自然与文化在景观发展中的动态互动过程。此数据库的价值在于将景观历史尽量完整地呈现出来并引导景观实践活动的完整性参与。在理论研究中我们对完整主义倍加推崇，但在实际的规划实践活动中却不能很好地去协调景观发展与保护的关系，并没有将景观的完整性传承下去。景观规划背景数据库的构建旨在以景观历史为支撑，并将其充分纳入整个规划活动过程中，使其对景观的发展产生积极而深远的影响（图4-11）。

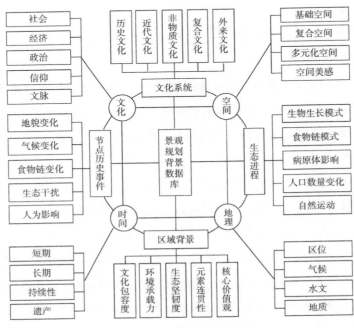

图4-11　景观历史数据库模型

科学的景观规划策略致力于强调公民性、相关者利益及参与的完整性。例如，先于规划活动的景观历史数据库建设能够使普通相关者较早地进入规划实践的过程中，原住民对景观背景情况尤其是景观客体近期的变化有充分的话语权，此阶段甚至可以考虑赋予其专家级的待遇，以非冲突的方式激发其对规划实践活动的参与兴趣。

4.3.4.2 景观规划中识别问题的能力得到提高

即便是非常专业的规划者，仅仅通过一些关于景观的现状资料也不可能了解景观的动态变化，探究景观发展所面临的问题更无从谈起。同样，对景观的物质形态或者运作模式非常熟悉的利益相关者，让其找出各发生事件之间的关联性与矛盾性也是不可能的。景观历史旨在为形成全方位的景观认识体系提供支撑，并使规划活动中识别问题的能力得到大幅度提升。

首先，通过对景观历史研究系统进行阐述，当前阻滞景观向前健康发展的大背景能够逐渐浮现。在 2005 年关于阿尔卑斯山脉蒙科德诺（Moncodeno）地区（位于意大利北部）的景观调查研究中，研究人员对曾生长于 1218~1900 年的残留落叶松树桩进行数据采集，结合 1900~1950 年成活的现状落叶松，建立了此地区落叶松树种存活时限年轮表，并最终根据年轮表来追踪人类对此片区域影响的历史，重现了如森林砍伐、放牧等人类因素与该地区景观客体之间曾经发生的激烈冲突，进一步揭示了蒙科德诺地区土壤层不断变薄及喀斯特地貌形成的原因 [234]（图 4-12）。历史能够解释地方文化倚重的信仰与价值，而通过理解信仰和价值冲突的来源能够更快地识别地域利益的交集。通过景观历史研究，有关景观的争议、问题都可以慢慢呈现，经过规划实践活动的正确引导，最终可能使景观利益相关者对景观的态度发生非常积极的变化。

其次，景观历史研究的目标之一是提出科学、长远的景观发展战略并对影响其可持续性的要素及问题进行细致的分析。对景观前 100 年所经历问题的历史研究会使制订景观后 500 年的发展规划更有针对性、更科学。美国景观研究者布鲁斯·E.托恩（Bruce

图 4-12 阿尔卑斯山脉蒙科德诺地区景观现状

来源：Maurizio S. Landscape history in the subalpine karst region of Moncodeno（Lombardy Prealps，Northern Italy）[J]. Dendrochronologia，2005，23：19-27.

E. Tonn）在其 1986 年发表的文章《500 年跨度规划》（*500-year Planning*）中提到："当前所做的规划方案不可能包含对景观未来 500 年的所有细节性的措施，但至少要保证主体理念能够经受住未来时间与环境的考验"[235]。

最后，通过揭示景观发展的各重要节点及针对性地建立它们彼此之间的内在联系，影响景观发展的一些外部因素便会选择性地浮现出来，如酸雨、全球变暖、城际高速公路建设及水利工程项目和国家、省市相关决策。

4.3.4.3 景观规划方案的制订更趋科学化

景观规划是一系列活动与决定的集成，包括分析、过程模拟及结果预测。这一阶段以前两个阶段（即数据库的建立及问题的识别）为基础。景观历史不但能够在早期规划阶段将景观的概况清晰呈现，而且能够在中、后期催生高预见性和相对科学化的规划实践技术与方法。也就是说，科学、准确的景观历史数据库能够极大地提高对景观未来发展场景的预测准确度。

景观预测的方法之一便是建立景观发展模式，基于景观规划客体背景数据库，通过不断的反馈互补机制来探寻景观的未来发展轨迹。这样的探寻有助于分析规划实践活动对景观重要发展进程、时间序列下的环境条件、景观功能及一些外部环境等综合因素的正、负面影响程度。这种模式充分依赖景观历史信息，能够从空间等比较直观的层面去呈现未来景观的发展进化关系及走向（图 4-13）。

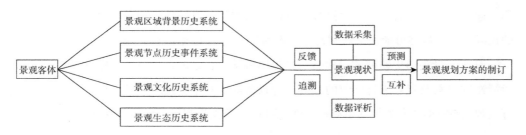

图 4-13　基于景观历史反馈互补机制的景观规划方案推导模型

另外一种对景观未来场景进行预测的方法是与其他较相似的景观客体进行比较，用定性的方法对两者展开横纵向描述。此种模式虽然有些粗糙，但是整体结构的建立相对快速并易于开展。其优势在于寻找某一类景观的共同特征，将研究的深度与广度进行系统性拓展。尤其是在研究景观的文化进程时，这种模式非常有效，从不同的景观文化体系汲取到的先进经验能够对景观的未来文化发展产生积极的影响（图 4-14）。

许多关于景观的一般性变化规律我们已了解，但还有相当一部分的景观发展模式需要我们去深入探究。剑桥大学教授理查德·T. T. 福尔曼（Richard T. T. Forman）

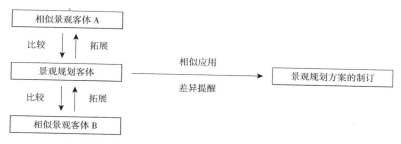

图 4-14　基于相似景观客体比较的景观规划方案推导模型

在其 1995 年发表的著作《土地马赛克：景观与地域的生态性》（*Land Mosaics：The Ecology of Landscapes and Regions*）一书中指出了六个广泛影响土地发生马赛克变化的因素，它们是森林砍伐、无序的郊区化、各式各样的廊道建设、沙漠化、农业化和再造林工程，说明随着时间的推移，人类活动对景观的格局产生越来越深远的影响[236]。例如，商业性质的无序林木砍伐可能会对林区景观系统产生摧毁式的打击，煤炭资源的长期挖掘会使所在区域发生不同程度的塌陷等，这些人为性质的活动会对景观未来的发展产生难以预估的影响。500 年以后再回首，这些活动都可能被列为影响其发展的重要负面节点历史进程。

景观历史只是景观规划的补充。因此，景观历史本身并不会自动生发出规划的方案，而只是激发解决办法出现的诱因。只有改善景观数据库的质量及优化分析解决问题的大背景，景观历史才能间接地为景观规划方案的可行性提供保障。

4.4　本章小结

一方面，人在成长时期与自然直接的、第一手的接触体验是两者间情感纽带得以维系或深化的最优方式，所积累的生态知识认知、树立的生态伦理价值在其一生有关人与自然关系的处理中都会产生非常积极的影响；另一方面，人类根据自身的生存、经济、社会、文化和心理需要塑造自然，景观文化沉淀是一个文化群体对自然景观进行"塑造"或"加工"的过程，加强地方认同与深化场所精神建设有助于人对外部环境的"呵护"与"关爱"感的生发与延续，进而对缓解人地关系矛盾以及激发前者主观生态意识发展带来正面效应。由此，本章旨在明晰亲生命性的景观美学涵养培育与亲地方性的景观历史线索串联是服务生态系统的区域景观生态文化营建过程的两个核心内容。对于前者，本章强调了成长环境是景观美学认知形塑的关键，指出了亲生命性景观美学认知培育中存在的主要问题，并进而从意识培育是基础、科学认知是关键、社会议题是平台、惊奇之感是本质、合理设计是补充、亲近自然是路径、共存伦理是终点七个方面阐述了亲生命性景观美学认知培育的路径。同时，从荒野自然是亲生命性景观美学认知培育的本源空间载体、城市自然是亲生命性景观美学认知培育的生活空间载体两个视角，建构了亲生命性景观美学认知培育的空间载体支解。对于后者，本章以景观历史重要性的内涵解释与其线索串联中存在的难题破解，以景观区域背景历史的基础解析、景观发展节点历史事件的深入挖掘、景观近期数据的科学采集与分析为系统要素，并通过景观历史线索串联的效益分析，提出了亲地方性的区域景观历史线索串联方法。

第 5 章
服务生态系统的区域景观生态空间格局控制

一方面，景观生态学范式下，景观空间格局和生态过程间的相互作用促生了景观外相表征与内部结构特征的多维性，而人与自然系统在空间和时间上耦合形成的动态交互和关键信息反馈正是人对两者间关系进行认知的主要渠道。但需要指出的是，景观也只是人视角下对外部环境的暂时性感知与描述。即景观客体是时间层的层层堆积，是动态且不断变化的，这些变化的频率、速度和幅度也因时、因地而异；景观研究与实践的大多数客体，尤指与提供生态系统服务密切相关的区域景观系统，都在比人类寿命长得多的时间尺度上进行进化与演化；与景观客体悠远漫长的演化历程相比较，一个人、一群人、一个时代对于人类和自然过程相互作用与演进过程中关于人地关系、物相表征、情感维系等的描述与解释都带有鲜明的时代烙印。另一方面，无论是通过对土地覆盖的直接影响，还是通过对气候变化的间接反馈，人们越来越认识到人类活动长期以来一直是改变地貌进程速率以及生态系统功能发挥的一个重要因素，其早已成了影响景观动态变化的重要驱动力之一。因此，如何通过人类主观能动作用的有效发挥，并以科学生态知识的合理应用为基础，达成区域景观规划向区域景观自然环境演化进程的适应性嵌入、区域景观规划对区域景观自然环境演化进程的助益性调控或至少是区域景观规划对区域景观自然环境演化进程的无害性影响等目的，是服务生态系统视域下区域景观生态空间格局控制所应具有的核心意涵。

5.1 区域景观空间格局控制的关键要素接入

现状问题分析表明，区域空间营建的决策过程与区域自然生态过程间的耦合程度低、区域空间营建的实践过程与区域自然生态过程间的耦合程度差是我国区域景观空间营建中存在的典型性问题。由此，研究意在将空间与生态在景观规划中的整合、生态导向型的规划决策作为关键要素支撑，进行区域景观空间格局的控制方法建构。

5.1.1 生态导向型的规划决策

如世界其他城市已经经历或正在经历的城市化进程一样，我国快速城镇化背景下不同职能、功能需求在激烈的竞争中撕扯着每一寸可以被利用的土地[237-238]。同时，在有关土地利用变化的决策过程中，和经济价值相关的短期目标往往支配着与地块生态完整性（生物多样性、生态系统服务）和生命质量（休闲、风景、环境）相关的公众价值目标[239-240]。作为区域生态架构的组成部分，这种小范围、地方性的各自为政、缺乏科学引导的土地开发利用严重威胁和蚕食着区域的整体生态安全格局[241-242]。而从景观完整性与连续性角度来看，经年历久影响下，区域景观破碎化程度连续走高同样让人非常担忧[243]。

一直以来，我国的区域景观生态规划方法并未走向深层生态。借用福斯特·恩杜比西（Forster Ndubisi）在 2002 年的总结："在关于景观生态规划方法广泛的概述中，以景观生态学为例，其在改善空间规划的生态基础方面有一些成效并仍有很大潜力，但在发展将理论概念向规划实践进行系统性整合方面并没有成功"[244]。同时，在区域景观生态规划体系的核心内容如生态知识的转换与应用、生态档案的建立与检索[245]、生态规划的实施与评估、可持续性的生态规划决策制订等方面，其不但前进乏力且相互间并未能体现出有效衔接、积极协作的乐观前景。面对区域景观规划中生态规划发展的这一困境，作为前提、保障及对其他内容的规范性引领，搭建具有可持续性的生态规划决策框架既是当务之急也是解决问题的关键所在。

一方面，区域景观生态营建是区域生态文明建设的主要组成部分，同时也是城乡规划及风景园林学科需要重点关注的内容。当前以科学实证为基础的区域景观生态知识积累及其与区域景观空间规划间的转换反馈、评估应用进程均显滞后，搭建面向可持续的生态规划决策框架是解决这一困境的重要突破口。从可持续区域景观生态规划目标确定、条件选择两方面入手，阐述可持续区域景观规划中生态规划决策框架的搭建过程，对区域景观空间可持续性与生态功能决策二者间的关系进行探索具有重要实践与理论意义。

另一方面，规划是在诸多不确定条件下解决不同土地空间利用利益间冲突的事情。对规划是否会起作用并因此会有助于生态可持续性这个问题的回答，在很大程度上取决于规划过程中的决定与决策是否产生了积极的影响。目前区域景观生态规划实践中的大多数决定不是基于实证证据，而是基于二次资源或其他建议，所以未来区域景观生态规划在可持续的道路上能走多远实际上取决于区域景观生态规划决策模型在何等程度上内嵌在基于科学研究实证数据的大背景下。

综上所述，研究提出，生态导向型的规划决策既是保障区域景观空间格局控制的意识正确主旨建设，同时也是区域景观空间格局控制范畴下的关键要素构成。

5.1.2 空间向生态的适应性整合

当前，景观规划中的空间、生态统筹耦合进程滞后，两者二元分化发展特征依然明显。在笔者看来，空间与生态二元研究主线的整合是景观规划的核心任务。

景观规划想要设计与发展的是具有良好生态基础、生态运行机制的景观，而不是那些似乎足够表面"风光"几年乃至十几年的景观格局，却对景观系统的生态发生过程联系甚少的机械组合体。景观规划设计（风景园林学科）对生态的理解绝不能仅仅停留在生态经验主义设计、生态表现主义设计等层面，而应该不断夯实生态实证、生态功能主义、生态意识形态和生态哲学等这些景观规划的根基，从而向更高层面的、深度生态学的、符合真正可持续性要求的设计哲学迈进。景观规划体系中空间与生态二元研究主线的有效整合不但能赋予其更强大、更广泛的宽度与视野，而且重新强调了以生态实证为基础与前提的景观规划设计认知。同时，面对我国科学推进城镇化建设进程、统筹协调安排城乡规划等各领域的要求，空间、生态"水乳交融"的景观规划体系能够成为真正解决其矛盾、问题的一种方法。

生态属性是景观的最基本特征之一，现代景观学科自创立起就被寄希望成为理解和改善人与自然、人与生命之间关系的手段。20世纪70年代以来，景观规划对环境中生态缺失的关注持续增强，生态对于景观规划（风景园林）已不仅仅是一种技术手段，更是设计、生活的哲学。作为景观规划的两个核心组成部分，加拿大学者杰克·埃亨（Jack Ahern）早在1999年就提出：景观规划中的生态规划必须与空间规划协同发展，生态、可持续的景观未来发展模式要求景观空间模式中需要保有整个生境系统所需的生态发生过程[246]，即我们必须清楚什么样的景观空间模式与什么样的生态过程相关联。面对当前纷繁芜杂的贴有"生态"标签的各种景观规划设计、概念，景观规划的空间、生态二元分化发展特征依然明显，极有必要对其耦合、整合的思路进行研究。

基于此，面向促进区域空间营建中实践过程向区域自然生态过程的适应性耦合，研究将空间与生态在景观规划中的整合作为区域景观空间格局控制的另一关键要素，以引导其从"浅层生态"走向"深度生态"。

5.2 区域景观空间格局控制的生态导向型决策构成

5.2.1 区域景观规划中规划目标的确定

首先，可持续性背景下，区域景观规划中生态规划决策要求制定可验证、可衡量的目标。那么，什么样的科学基础在区域景观生态规划目标的确定中是可用的？另外，怎么才能使目标确定的程序具有可操作性？

早在 1994 年，保罗·H. 戈布斯特（Paul H. Gobster）便指出，生态可持续的土地管理的目的在于修复或维持生态系统健康的生态结构和功能，从而保护和加强物种与生态群落的多样性和健康性[247]。在国内方面，自 20 世纪 90 年代开始，俞孔坚、肖笃宁、傅伯杰等学者在景观空间构型与生态过程关系[248]、生物多样性保护地理途径[249]、景观格局多样性亲和度分析[250]等方面进行了非常有意义的讨论。其共同的认识基础在于：一方面，栖息地的丧失与破碎是生物多样性丧失的主要原因，一个地区多种群的生态持久性在很大程度上取决于栖息地的面积大小及其空间格局分布情况是否合理；另一方面，景观规划尤其是大尺度的区域景观规划应该包括对该地区生态模式在面积与格局方面发生变化情况的基本了解及这些变化对生物多样性可能产生影响与造成后果的一定预测。但是，如此模糊及宏观地对规划的重点作出诠释尚不具有足够的实用意义。由于区域生态系统的功能与其类型、面积、配置及非生物的条件直接相关，因此，目标的设定等于去选择一定水平的生态运作，并通过某种方式允许生态机制向空间维度的一种恢复、过渡或转化。

5.2.1.1 目标的确定途径选择

1999 年，小约翰·凯恩斯（John Cairns Jr.）详细总结了为什么人类社会依赖于生态系统提供的生命支持功能，他强调：生态可持续性要求人们从景观获取的利益的总和能够被一直维持下去，尽量避免出现过度消费或消费殆尽的现象[251]。业已存在的概念如"自然资本平衡""可持续生态系统服务"等就是基于这种概念。然而，在笔者看来，当前生态领域的进步远不能支撑生态系统服务在具体应用层面的量化表达。换言之，对于区域景观利益相关者来说，可用于管理或较容易理解的生态系统服务方式及能够真正应用于景观生态规划过程当中的内容均显缺乏。此外，目前我们对生态系统服务的评价评估、这些评价评估间的量化关系及生态系统服务背景下的生态系统格局特征依然知之甚少，真正利用或使用的空间不大。

另一个选项来源为：生物多样性本身也是区域景观生态规划中需要考虑的重点。即在对生态系统服务仍然知之甚少的情况下，这个目标可能通过生物多样性的代理——物种的选择与保护来表达。因此，从目前来看，我们假设生物多样性已经与生态系统服务功能性地挂钩，而且以生物多样性代理研究为导向的区域景观生态规划能够代表以生态系统服务研究为导向的相关理论规划实践。例如，存在这样一种普遍的认知：物种多样性在区域景观生态系统中尤其是在正在变化的环境中产生生态稳定性，从而提高了其提供生态系统服务的潜能。而在区域景观规划实践中，确实存在可操作的方法来定量地将群落表现与生态系统格局的维度和形状联系起来。因此，可以得出基于生物多样性代理的区域景观生态规划目标的确定在空间、时间上是可能的。作为一种切实可行的区域景观可持续发展水平的代理，结合以上论述，区域内针对生物多样性代理的合理选择便成为目前唯一可以被真正利用的、有现实操作意义的区域景观生态规划目标确定的方法。

当前的区域景观生态系统规划与保护主要以景观层次的方法与逐物种的方法为基本导向。物种—面积曲线强调：一个地区对存活种群的需求量越大，该地区的生态系统面积就必须越大。同样，元种群生态学也认为，生态系统斑块的大小和生态系统网络的大小是对区域景观生态系统功能与结构进行表征的重要指标。同时，由于都市区土地价格高昂且供应紧张，物种多样性保护的目标设定与优质的自然生态系统面积存量大小及其空间分布情况也具有直接相关性。同时，从生态学的角度来看，生态系统的类型和生态系统斑块的非生物特性、覆盖范围和空间内聚性是决定种群可持续存续的关键特征。因此，景观层次法的实施主要以以下三个方面的管控为重点。

①干扰调控式的管控。借由资源的直接投入和利用，推动实现景观内部结构调整与变化，使生态过程与空间格局趋于协调。

②整体式的管控。保障景观地域与生态过程的完整性，以对保护区外围与保护区网络进行生物多样性的整体保护。

③景观保护与优先保护相结合式的管控。兼顾核心区和景观基质的保护，体现局部与整体保护的协调互补。

三个方面是一个有机统一体，只有通过协调配合，才能真正实现生物多样性整体保护的目标。逐物种的方法则旨在以区域内具有生态指标意义的动植物（如旗舰物种、关键物种或保护伞物种）为表征对象，根据各目标物种的存续时空需求，以其觅食、休憩与繁衍的迁徙廊道、生境斑块及跳板结构保护出发，为某一物种以及物种群落生存发展提供完备的生态空间格局。因此，无论从"景观层次"的视角还是"逐物种"的视角，区域景观生态环境的营建均把区域生物多样性的保障与恢复作为关键；而要实现生物多样性保护的目标，就要将逐物种的方法集成到基于生态系统的空间显式的方法中，以达成生态系统空间格局特征与物种固有存续属性相匹配的需求。

鉴于以上分析，笔者认为，区域景观生态系统中物种多样性保护的目标设定一方面应以方法简单与预期值可调为基本导向，另一方面需要遵循以下六个方面的基本原则。

①目标设定中不要求对复杂的生态过程、统计程式、模型运算有专业的知识储备。

②以物种需求为导向，对生态系统展开规划。

③以认知生态系统的类型、质量、面积和空间结构为基础，对生态系统的空间格局情况予以掌握。

④在规划过程中，允许各利益相关方根据其实际条件对预期达成目标进行灵活调整。

⑤具有明显的层级与大小伸缩性，对不同空间尺度与不同类别及类型的区域景观生态系统均能广泛适用。

⑥单一物种方法不允许生物多样性保护期望值在不同水平之间发生转换，而且对区域以下层级的小型生态系统斑块的面积和配置变化不敏感，需要以多物种分层系统交叉叠合的方式来保证规划与管理的系统性。

因此，笔者认为，区域景观生态系统中物种多样性保护的目标设定应以区域相似物种类群矩阵的应用为关键。

区域相似物种类群指在区域尺度上具有相似生存需求的一组物种类群。具体而言，相似物种类群不仅在景观格局和过程中表现出类似的行为，同时在生态系统类型选择、区域需求、扩散能力等方面也具有相似性，能够代表一系列的物种群、优先生境和关键的生态过程。在景观层面下，孤立生境斑块内物种的保护需求和功能连通性是生态网络规划的关键因素，而物种的分布是由生态系统的类型、质量、面积和连接性决定的。此外，不同分散能力的物种在廊道长度和位置要求上存在显著差异，不同物种群体对生态网络的景观格局要求也不同，基于特定物种的生态网络规划无法保护其他物种。基于此，本书旨在以相似物种类群矩阵的应用来弥平物种多样性保护在生态系统网络大小和生态系统网络结构间存在的空间差异性：忽略生态系统斑块内生境质量的变化，并假设如果有足够的面积，可以在某一类型生态系统中找到任何生活于该生态系统的物种的栖息地；按照每一相似物种类群层对应的生态系统面积需求情况，用最小关键斑块面积、最小生境网络面积等指标对生态系统网络的承载能力进行评估；将生态系统各斑块之间的最大距离与相似物种类群需求的最大扩散距离进行比较，对生态系统的空间结构连通性以及相似物种类群的屏障敏感性或非敏感性进行分析。即基于物种的广义性与普遍性生态特征，将物种划分为一组嵌套型相似物种类群层集合，并根据每种生态系统类型与其总面积和空间布局结构的对应关系，是能够对其生物多样性水平进行表征的代理度量值。以此三方面为基础形成的区域相似物种类群矩阵具有良好的开放性，每种生态系统类型所对应的总面积与空间布局结构成了对其生物多样性水平进行表征的代理度量值，使得区域内局地或区域以下层级的生物多样性保护目标嵌入区域性的生物多样性保护空间矩阵与空间单元划分成为可能，同时允许根据现状实际情况与未来条件改变对生物多样性保护目标进行即时调整。

5.2.1.2 目标的等级选择

理论上，根据物种所需栖息地面积的大小及其在生态系统单位间的极限移动距离能够形成与物种空间活动特征相匹配的生态可达理想范围空间。但从实际操作层面来说，一方面，区域景观生态规划目标等级的确定必须与实践区域范围内生物多样性物种代理的科学选择进行合理的匹配。既要顾及如有效扩散距离、所需最小栖息地面积等代理物种生态生存条件，同时也需要充分考虑区域内所有的现实条件，在其与社会、经济维度发展条件间寻找到一个相对的平衡。另一方面，若有需要或某些情况下必须承接上位规划要求，如在充分尊重与参考国家级、省级景观生态规划目标指向的基础上，应该适时系统性地开展与更高级别生态规划水平目标进行整合的工作。两方面背景下，生态学家都需要积极介入并为决策者提供详细的实证数据与信息，从而保障其过程和路径的科学合理。

5.2.2 区域景观规划中规划条件的选择

5.2.2.1 生态系统网络的选择

生态网络是某类型生态系统的集合，通过生物体的流动连接到一个空间连贯的系统中，并与嵌入其中的景观基质进行交互作用。生态网络规划能够有效减轻城市化造成的生境分散，并对促进生物多样性保护具有重要作用。

生态规划条件服务并指向种群的可持续性存在。而为了定义一个持久化的种群，需要对某个时间段内种群生存的可能性有比较明晰的定义。2001年，亚娜·维布姆（Jana Verboom）等提出以100年内95%的生存机会作为种群可持续性的最低门槛[252]。为了达到这样的生态阈值，由物种需求转换为空间需要，实际上也就相当于需要保有一个能够使种群可持续延续的最低限度的生态系统区域面积、质量组成的物种栖息地。上述同样是理想或理论状态，而现如今的现实情况要恶劣得多，许多区域景观实体已不再是一个连续的生态系统空间，多功能、高密度开发利用影响下的景观已经变得支离破碎，使摆在景观规划者面前的选择具有了唯一性：确保分散的马赛克式生态系统能够组成一个完整的生态系统网络。即生态系统网络是当前可持续区域景观生态规划的理念前提，同时也是其决策框架搭建的认知基础。

以加拿大谢布克大学杰罗姆·西奥（Jérôme Théau）教授的区域景观规划实践为例，

其以加拿大魁北克省南部圣弗朗索瓦流域（SaintFrancois River Watershed）景观破碎化特征较鲜明的东南片区为研究对象，在考虑物种活动范围、物种分布密度、物种扩散距离及景观基质连续性、景观斑块连通度、人类活动干扰等因素背景下以单物种代理、多物种代理及传统景观结构三类景观生态规划目标确定方法（表5-1）为基础分别模拟形成了相应的三类生态系统网络（图5-1）。结果表明，传统的以满足社会娱乐休闲需求的区域景观系统网络（图5-1F）与满足单物种、多物种可持续生存需求的景观生态系统网络（图5-1A、图5-1E）相比，前者表现"粗糙而简单"，远不能满足后者对区域景观生态空间格局的需求[253]。

不同生态规划目标确定方法与相应考虑因素　　　　　　　　　　表5-1

类别	生态规划目标确定方法	主要考虑因素
1 单物种类别	A 指示物种	北美冠红啄木鸟
	B 庇护物种	美洲黑熊
2 多物种类别	C 多尺度	美洲黑熊、北美冠红啄木鸟等
	D 生态连续区	五子雀、松鸡、美洲丘鹬等
	E 生态连续区	成熟林、幼龄林、再生林、半自然栖息地、河岸栖息地等
3 传统景观类别	F 娱乐休闲	道路密度、建筑密度等

来源：JÉRÔME T，AMÉLIE B，RICHARD A. Fournier. An evaluation framework based on sustainabilityrelated indicators for the comparison of conceptual approaches for ecological networks[J]. Ecological Indicators，2015，52：444-457.

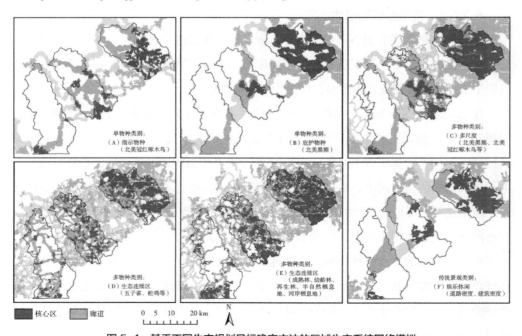

图 5-1　基于不同生态规划目标确定方法的区域生态系统网络模拟

来源：JÉRÔME T，AMÉLIE B，RICHARD A. Fournier. An evaluation framework based on sustainabilityrelated indicators for the comparison of conceptual approaches for ecological networks[J]. Ecological Indicators，2015，52：444-457.

5.2.2.2 生态水平条件的选择

如前所述,目前区域景观破碎化现状要求用生态系统网络的概念将规划目标与生态系统的空间格局进行连接。为了对这种连接进行实际衡量,笔者引用"空间凝聚力"的概念来描述一个生态系统网络的物理特征,并将其作为表征区域景观生态水平情况的核心条件。

空间凝聚力包括两个方面的内容,即承载力与连通性。承载力指一个网络所能维持的个体最大数量,影响因素包括栖息地质量与网络面积,其中与栖息地质量相关的衡量指标包括植被的类型以及娱乐和交通噪声等对景观区域造成的干扰程度。而连通性包括网络密度与基质渗透性,决定着各子区域间个体流动的速率。以上因素连同非生物的条件,如水文、土壤、区域管理等构成了针对规划网络的定性的生态水平条件(图5-2)。同理,可持续的种群需要最小网络面积、最小连通度及其他与网络相关的各定量条件要求得到满足。定量和定性相结合的条件需要满足每个目标种群的要求。而且,在一定程度上或某些情况下,这些条件在作用方面可以互相交换,如当一个生态系统网络的栖息地质量下降时,可以通过扩大网络面积来使其承载力保持在与先前一样的水平。

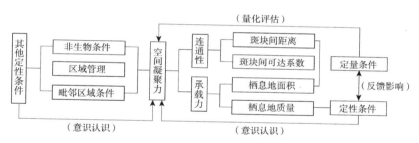

图5-2 景观空间凝聚力及其影响条件

综上所述,笔者假设:如果区域景观生态系统格局的定性与定量条件与一个选定目标(如焦点物种、种群)的可持续生存要求是平衡的,那么这个区域景观就是具有可持续属性的。

5.2.3 区域景观规划中决策框架的构建

如何才能形成让广泛性、多门类学科容易理解,并能够将区域生态可持续景观关键特征转化为对区域景观生态规划有意义的应用性、评价性条目?笔者提出应对区域景观生态规划不同过程的相应步骤与整体结构,延伸为区域景观生态规划的决策框架。

5.2.3.1 决策框架步骤与结构

决策框架的相关步骤与整体结构可阐述为:首先,在决策过程的开始阶段,依据规划区域背景条件选定针对区域景观实体的生态规划目标,并基于此目标拟定其最初生态水平级别；其次，详细分析研究并确定区分区域内针对目标的正在发生且可实现的及其他未来必须要满足的空间条件；最后，充分考虑与规划区域相关的外围环境情况，如更高行政水平的生态规划目标与水平、科学实证背景下的关于保持目标物种种群持久性所需要的条件等背景情况，并对规划区生态水平选择进行第一轮、第二轮的校核，反复斟酌规划区域内规划目标（如选定的焦点物需求与匹配的生态分布格局）要求的空间条件是否是可实现的。如果可持续景观规划水平太高，需要考虑相邻区域的空间条件并将规划区域网络作为更大尺度网络的组成部分来进行发展与统筹。通过此种方式，一方面，在某种程度上能够确保不会因为规划区域的诸多限制而制约规划的进一步发展，同时对于在更大尺度生态系统网络展开操作非常有利，并允许在更长时间周期内针对更高可持续生态规划水平目标进行追求。需要强调的是，通过逾越这些限制从而延展决策的过程，要求其与其他行政利益相关者合作。另外，在规划区域内，如果针对选定目标物种的空间条件是不可实现的，或囊括相邻区域不是一个有效、可取的选择，较低的可持续景观生态规划水平需要被重新选定，决策的过程变成循环校核的回路。即规划区的外围条件可能被视作针对规划区域的可行的、具有促进作用的可接受的积极条件，同时也可能是促成针对初选目标选择是否合理进行重新评估的很重要的影响条件（图 5-3）。

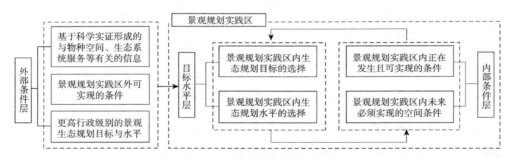

图 5-3　区域景观生态规划决策框架步骤与结构

5.2.3.2　决策框架支撑指标示例

　　生态规划决策框架的细化应用需要生态规划指标的支撑。笔者将针对区域景观生态功能的"生态指标"与规划过程中针对生态标准和价值而使用的"生态规划指标"区分开来。生态指标是区域景观生态功能的真实写照，如与生态系统服务或生态系统破碎化相关的指标，指向区域景观的现状"生态—物理"水平，而生态规划指标显示决策的过程或结果，代表景观实体与景观生态规划之间的连接。需要着重指出的是，生态规划指标需要尽量囊括对景观生态规划具有重要引导意义的条目，并要认真考虑其在衡量、评估决策者应对景观生态可持续性时的可操作性。另外，指标应细分为定性指标与定量指标：定性指标解释决策者在哪些方面意识到了可持续区域景观生态规划方案所要求的条件，而定量指标意指决策者在哪些方面使规划方案能够成功可持续。对可持续的生态规划方案来说，关于定性指标的积极反应是需要呈现但不是足够呈现，需要进一步考虑关于定量指标的积极响应。换言之，关于定性指标的积极呈现是与之相关的定量指标能够积极呈现的先决条件。决策框架支撑指标示例如表 5-2 所示。

决策框架支撑指标示例

表5-2

定性指标	定量指标
参考更高行政水平的生态规划目标来选择规划区生态规划目标； 考虑非生物条件的影响； 考虑生态系统管理方面的影响； 将生态系统网络作为一个空间概念来解释； 由焦点物种的空间信息来决定何种空间条件需要被实现； 考虑规划区毗邻区域的相关需求； ……	选择的生态规划目标具有可衡量性，满足某周期内进行量化验证的需求； 生态规划目标的选择与栖息地非生物条件相匹配； 生态规划等级的选择与栖息地现状情况相匹配； 生态系统的管理模式与生态规划目标要求的栖息地情况相匹配； 生态规划水平与生态规划景观空间布局和面积相匹配； 生态规划目标与规划区毗邻区域空间条件相匹配； ……

5.2.3.3 决策框架评价应用

在区域景观生态规划决策框架的实际应用中，可以选择其作为可持续区域景观规划中生态规划的一种理论实践指南，也可以将其作为评估区域景观生态规划质量的一种工具。例如，在区域景观规划实践项目的应用中，可通过每 5~10 年的生态结构与指标重复评估，来洞察一个生态连续区单元或某地理区域范围内区域景观生态质量提升进程中的改善情况。为方便起见，笔者设计了一个不算很准确的小型评价实验：以"景观 + 生态"作为关键词，以国内相关主流期刊近两年（2016 年 1 月~2017 年 12 月）在中国知网刊录文章为信息载体，对其反映的区域景观生态规划现状水平进行初步评价。

载体文章中并没有发现成型的并具有较强实际可操作特征的可持续区域景观生态规划决策模型，而对于定性的生态规划指标显示以下结果：大多数文章参考了更高行政层级的生态规划目标，其比例接近 74%。同时，有 84% 的文章将土壤与水文等非生物条件进行了考虑。但令人遗憾的是，规划者或决策者很少能详细论述土地利用活动对栖息地质量的潜在影响，如在娱乐、噪声与交通、养分排放中，有 37% 的报告只是很粗浅涉及或考虑到了其中的两种，45% 的报告只关注到了其中的一种。值得欣慰的是，基于生态网络的空间方法的重要性在 87% 的文章中得到了认可，但仅有 8% 的文章将这种意识转化成针对规划实践区的物种栖息地面积和格局配置指南。此外，几乎所有文章都没有提到栖息地质量与目标物种所需面积间的量化关系及变化对彼此的影响。能够意识到规划区域周边环境也是生态系统一部分的文章占所有文章的 82%，但只有 5% 通过呈现对整个区域或布局的定量化的数据来突破原有目标并进行生态规划水平的重新选择。在定量指标方面，有 24% 的文章中提到了目标物种的概念，但其中仅仅 7% 是与解释生态规划水平相关的。由于关于焦点物种、栖息地质量及邻近区域等内容描述、深层介绍等方面内容的缺失，很难总结得到关于其他定量指标的相关结果。

评价结果中，另一个积极的信号是 87% 的文章反映了这样的意识：规划区域内半自然、破碎化栖息地的空间凝聚或网络化是需要着重考虑的重要特征。而从另一方面来说，仅有不到 1/4 的文章对一种可验证的生态规划目标进行了自主性定义或参考性定义，而关于生态定量条件的知识几乎没有被真正转化或应用到景观规划实践中，表明以生态系统网络为基础的区域生态规划决策及实施仍处于很初级的阶段。

在区域景观生态规划决策框架结构、指标的提出上，笔者呈现的是具有普适性或示例性的内容。但在处理具体实践案例时，这些内容需要被详细化、特征化为指向明确且生态规划目标和水平具体的指标及导则，如此才能真正促成"将生态可持续性纳入区域景观规划"。当然，文章中呈现的内容也绝无可能覆盖可持续区域景观规划中生态规划所需要评估信息的百分之一，因为生态阈值与空间结构间的链接与转换是非常复杂、繁琐的工作。而且，许多关于物种的科学生态的实证信息是缺乏的、不可用的，因此可持续景观模式的生态规划指标建设仍处在一个非常初级的状态。另外，定性与定量两种指标是否具有足够的灵活性来应对区域景观生态规划中的所有情况，介于定性与定量间的一些中间指标是否有必要提出？此外，笔者在生态规划目标的确定上利用了与生态系统网络有关的焦点物种代理及与焦点物种代理有关的定量、定性的条件。如果假设生态规划目标选择过程中利用的是生态系统服务水平选择，基于目标物种的生态规划水平选择被一个或几个想实现的生态系统功能的质量水平代替，那么笔者提出的决策框架是否依然具有可用性？此类问题等都是需要进一步去努力研究的内容。

5.3　区域景观空间格局控制的空间与生态二元整合

5.3.1　空间与生态二元景观规划形成的背景及整合的意义

5.3.1.1　空间、生态二元景观规划形成的背景

事实上，西方发达国家早期也普遍存在空间、生态二元分化发展的情况。那么，为什么这么多关于生态过程的知识没有应用到景观空间规划中去？从国外发展的源头

来看，在景观规划不断发展的过程中，地理学科与生态学科的融合并没有完成。一方面，早期的景观规划者是地理学家。荷兰地理学家艾萨克·S. 佐内维尔德（Isaak S. Zonneveld）在 1982 年曾提到：植被、土壤测量师及其地理学家是早期最典型的景观规划者，其往往把注意力放在主观、感情经验和审美表现上，内容也以景观客体空间模式的分析与解释为主导 [254]。另一方面，以生态学为背景的景观规划者只热衷于在空间过程中将景观部件组合起来，对其内部如何融合及部件组合体会产生何种生态反应的研究则浅尝辄止。但从 20 世纪 60 年代开始，传统的风景园林与自然科学全面渗透和融合；到 80 年代，风景园林学与景观生态学紧密结合，西方发达国家的风景园林学科得到了突飞猛进的发展，不断成熟和完善 [255]。

反观我国，新中国成立后，在很长一段时间里，大多数城市的主要景观规划实践活动仅表现为单调的"绿化"，伴随着风景园林学科（景观规划设计）动荡式的多次合并、拆分，景观规划中的生态过程研究起步很晚。直到 20 世纪 90 年代中期，随着我国风景园林人士出国访学和留学渐多，西方现代风景园林理论及景观生态学理论才开始在国内传播和普及。但在传播和普及的过程中，现代风景园林理论中的生态过程、生态伦理、生态理性等本位性和根基性的主张并没有在国内得到很好的继承和发展 [256-257]。相比于当前美国的空间格局和景观行为、绿色廊道途径研究，荷兰和德国的焦点物种途径、土地景观生态设计，加拿大和澳大利亚的土地景观生态分类等比较细腻、务实的景观规划流派，我国在近几十年高速发展洪流的背景下，所谓的景观生态建设与景观生态工程不但粗放度高，而且一直局限在视觉结构、社会功能、空间格局三位一体的怪圈中，对关乎景观规划、景观生态规划的核心内容——景观格局与物种生存、物种或种群迁移等生态学过程间相互作用、景观格局与物质循环和能量流动等生态学过程间关系、景观格局与过程相互作用等基础性内容的关注偏少，在实践应用层面表现了鲜明的一元空间主导特性。另外，在无暇追求生态效益的情况下，以生态学为背景的相关景观规划者裹足于小面积、单物种等尺度的纯生态研究，在推动微观生态过程与宏观空间格局的过渡与耦合上存在严重滞后的问题，又表现出了突出的一元生态主导特征 [258-259]。

5.3.1.2 空间、生态二元景观规划整合的意义

早期直至现在，地理学用图式的方法使景观的空间结构及轮廓显现出来，但作为对景观功能的抽象化表达，图式往往呈现的是视觉感知层级或假设出来的景观形象而不包括经过测试的具有深层次生态发生过程的运作机制，即描述的都是景观空间模式方面的参数，与生态过程联系甚少。地理学家罗伊·海恩斯—杨（Roy Haines-Young）曾这样描述关于景观的图式："当前关于空间格局的大量工作都在于分析与描述景观客

体的空间几何形状,关于空间格局在生态过程层面的重要性与意义则论述甚少"。反之,许多实证性和理论性的生态研究都没有将最后的研究结果向空间规划等实践应用的层次转化,即景观规划在这一领域的主要缺陷为:缺乏有效的方法将关于如单一物种或局部种群的生态研究成果转化为能够解释景观空间布局模式与生物多样性关系的广义的知识。对此,迈克尔·R.莫斯(Michael R. Moss)在1999年就曾提到,只有将景观规划中的空间与生态融合为一体才能代表景观规划的真正成熟。莉诺·法瑞格(Lenore Fahrig)在同年将迈克尔·R.莫斯的观点进一步解释为:景观生态规划是景观规划的核心内容,景观生态规划是关于景观结构如何影响有机体丰度和分布的重要研究[260]。笔者的主张与迈克尔·R.莫斯的观点类似,即未来景观规划发展的前景在于不断变化的社会价值与土地利用的背景下我们对于景观空间格局与景观生态系统之间各尺度关联性的理解(图5-4)。

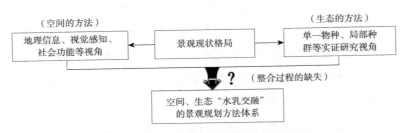

图5-4　空间、生态二元景观规划整合的意义

　　从深层次来说,空间、生态二元景观规划整合的意义不但在于凸显生态过程知识在景观规划中的核心作用,而且着重强调对于生态过程的理解需要从专注于单一物种的分布与个体行为的实证研究开始,以种群层次至更高级别的景观生境系统层次的设计指数、标准等的制订结束,每个步骤都囊括不同类型、不同层次生态过程知识在景观空间模式方面的匹配性实践与应用。但从目前来说,这些步骤在景观规划中并没有得到很好的体现,可以进一步解释为,物种对景观空间布局模式适应的多样性数据与资料都应该被提炼、整合成适用景观空间格局层次的并能够被量化的形式,这些形式并不要求对生态过程的巨细化理解,只是为其广泛的应用提供便捷、合理的条件。

　　近年来,我国学者在景观格局研究、景观生态评价、景观规划设计等范畴背景下对景观格局指数、生态学过程、景观系统敏感性等景观规划内容进行了大量的探索,但在空间、生态二元景观规划发展特征整合上突破不大,尤其在有机体、物种、种群等尺度下的空间、生态融合进步缓慢。例如,农田景观生态工程是我国景观规划的重要内容,对于其五大工程类型即农田防护生态工程、生物栖息地保护工程、自然景观生态工程、污染隔离带工程和景观美化工程来说,建设内容依然局限在防护林、护坡、田埂硬化建设，农田道路、田坎、沟渠等的覆被建设，农田建筑物的设计等方面，而生态保育设计也仅限于支路采用砾石或镂空水泥板，田间道路采用泥沙路面并种植草皮；渠道和排水沟内设计生态板。从设计适应生物生存的洼地、水边湿地以及不受人类强烈干扰的大型林地岛屿等方面，可以看出其依然将重点放在了空间规划设计层级，有机体、物种等真正生态尺度的研究与应用总体上还处于理论探讨与微小尝试层面[261]。随着我国城镇化进程的进一步快速推进，各尺度的自然生态系统与社会经济系统日益紧密地交织在一起，每一项景观规划都需要纳入以生态实证为基础的设计框架中。即无论是景观规划设计（风景园林学科）自身理论体系完善的需要，还是科学实践及问题解决的需要，都迫切要求空间、生态二元景观规划的融合。

5.3.2　空间与生态二元景观规划整合的过程

由景观规划者、管理者及决策者共同参与的景观未来经营是一个循环性、周期性运作的过程，这一过程包括景观问题定义、景观方案生成及景观运作评估这三个主要的子过程。

5.3.2.1　景观问题定义子过程

循环性、周期性的整合过程始于对景观生境系统中问题的定义，即通过景观系统未来功能与现状功能之间、未来生态效益与现状生态效益之间各层次的对比来找出需要优先解决的问题。问题定义的方法可能包括：对景观现状、未来生态功能运作情况进行对比分析，对比分析的内容如景观栖息地网络格局中物种的数量，其实际或潜在的比例情况等；对目标物种的现状、未来可持续景观生境条件展开评价，评价内容如最小面积的栖息地范围与最低限度的景观内聚力情况等。此外，对问题进行定义的方法的具体形式如可以利用景观生态效益指数来决定景观空间分布格局为其内的物种持久性提供了何种条件，或者基于景观内聚力的GIS模型来评估景观系统内一系列物种的景观持久性潜力等，都是目前较成熟的模式。

5.3.2.2　景观方案生成子过程

一旦问题被定义，下一步便需要一系列可能的解决方案。在许多情况下，一种解决方案只能对目标种群中的一部分物种产生促进的作用，而对其他物种或保持中立的影响甚至会对其产生负面的影响。此外，因为一些社会与经济方面的限制的原因，不同的解决方案其面临的实施机会也不同。在多功能需求的背景下，需要去寻找最佳的解决方案的组合，而这是一个更复杂的过程，需要比问题定义阶段更丰富的信息，而且组合后形成的方案集必须具有进行景观生境持久性预测的功能，如果还只是对景观客体现状情形的分析，则没有任何意义。在选择最具成本效益、最优实施性的方案组合选项后,景观规划随之要设计、持续跟进并实施,这个阶段需要技术性的规格与标准,如一些特定物种需求的廊道模板标准或者如动物种群迁移通道所需要的正确尺寸。

5.3.2.3 景观运作评估子过程

最后一个阶段是规划方案实施以后对景观客体的运作情况进行评估。评估对检测景观生态过程变化情况、方案组合有效性情况尤其在目标没有达成的情况下采取下一个规划周期及后续的实施阶段方面都是非常重要的。通常情况下,应该将景观客体前后运作场景包括场景中具有典型性指标意义的特定物种存在情况进行详细的时空比对及综合分析。

综上所述,在整合过程中的每个阶段,都需要生成或提供适宜的规则、概念、标准及一些量化的工具。在任何情况下,除非是针对某一单一的种群,否则规则、概念及工具需要尽量适用于景观系统中集合的种群及系统,不然研究的意义就是局限性的。

5.3.3 空间与生态二元景观规划整合的策略

空间、生态二元景观规划整合的策略以景观空间分布模式的清晰解读为基础,以景观各层次概念、模型及方法的测试与校核为手段,以景观生态持久性的预测评估为重点,以景观规划指标与规则的整合和制订为目标(图 5-5)。

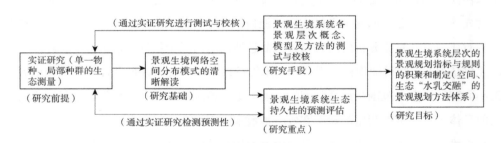

图 5-5 整合策略

5.3.3.1 景观空间分布模式的清晰解读

在空间、生态二元景观规划整合的大背景下,对景观生境网络空间分布模式的清晰解读是基础。即不但景观系统中的物种、种群数量比例情况受空间格局的影响,同时它们的活动形式也受到景观系统中栖息地网络空间特征与基质结构的影响。另外,景观空间分布模式在一定程度上代表了物种分布模式与空间格局之间动态交互过程的现时状态,即在关于景观的各生境斑块不同生态占有情况的空间差异性中,可以找到景观空间分布模式对物种、种群生态变化过程的影响,从而对景观客体的整体生境网络空间分布模式有准确、清晰的把握与认识。

在单一物种至种群的层次对生态过程进行测量是景观生境网络空间分布模式解读阶段的核心内容。首先，单一物种的迁移能够在某种程度上反映景观生境系统基本的轮廓、范围及生态状况，而像种群的消亡率、繁殖率、分散率可以更全面地显现景观生境网络系统的空间格局特征，最终从空间、有机体双维度反映整个景观系统的空间、生态耦合度。荷兰景观生态学者克莱尔·C.福斯（Claire C. Vos）等最早开始了针对景观生境内物种个体迁移情况的生态测量实证研究。克莱尔·C.沃斯等通过研究带有无线电标签的树蛙得到了关于其迁移速度、转向角度及穿越边界概率等方面的实证数据，并根据这些数据剖析出了小范围农田景观生境系统中对树蛙廊道迁移运动产生影响的主要空间分布元素，从而对树蛙的廊道生境空间分布模式形成了基础的认识（图 5-6）[262]。

5.3.3.2 景观各层次概念、模型及方法的测试与校核

景观各层次概念、模型及方法的测试与校核是景观规划指标、规则生成前的必要步骤，因为大多数的实证研究只囊括景观规划中某些物种、种群或景观空间布局方面很小的一部分，在实证范围之外的、针对不同景观生境系统的应用可能是有问题的。同时，由于地域环境差异、认知水平参差不齐及社会经济发展不平衡等各种因素的影响，类似的问题也会出现。所以，需要在不同类型景观栖息地网络布局的区域，重复进行实证研究来测试所取得的概念、模型及方法的有效性，并最终将其应用到更广泛的景观系统与生境网络中。

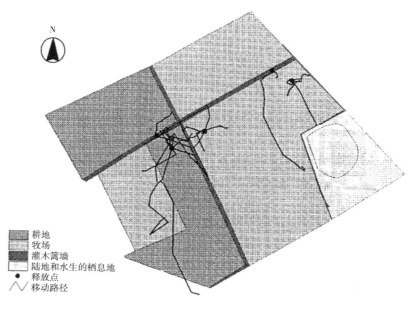

图例：
- 耕地
- 牧场
- 灌木篱墙
- 陆地和水生的栖息地
- 释放点
- 移动路径

图5-6 迁徙中的树蛙在农田景观生境系统中的迁移路径

来源：VOS C C，TER BRAAK C J F，NIEUWENHUIZEN W. Incidence function modelling and conservation of the tree frog hyla arborea in the Netherlands[J]. Ecol. Bull.，2000，48：165-180.

还以克莱尔·C.沃斯等的树蛙实验为例。结合单物种、小范围局部景观生境得出的量化数据结果并将空间分布影响元素进行量化与总结后，克莱尔·C.沃斯等不断在不同尺度、不同层次景观廊道对实证数据及初步生成的概念方法展开测试，包括制作了仿真模型 SMALLSTEPS 来对其他景观客体内的廊道环境进行不同程度的模拟，对更大范围内的交叉廊道路径数据进行了可靠性方面的校核（图5-7）[262]。不管是利用树蛙迁徙实验来量化农田景观生境系统中的树蛙生境廊道空间分布元素，还是利用仿真模型 SMALLSTEPS 进行相关数据的模拟，克莱尔·C.沃斯等的最终目的都是通过指示性物种或者局部种群的廊道迁移活动来总结、集成景观生态廊道系统的综合性指标数据——廊道连通度（反映种群在不同景观生境斑块之间的迁移渗透性，迁移活动顺畅则渗透性高、廊道连通度高，迁移活动障碍多则渗透性低、廊道连通度低），并在对景观空间分布模式有了清晰解读，对相关概念、模型及方法不断测试、校核的基础上展开更高层级的实践与研究。

5.3.3.3　景观生态持久性的预测评估

对于景观系统深层次的保护来说，生态过程运行的持久性才是其最重要的指标。因此，在整合策略的整个建构中，非常重要的一环便是要作出正确的评估：在什么

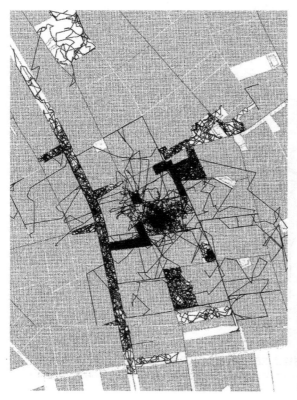

图5-7　在图5-6的基础上进行更大尺度范围模拟得到的树蛙迁移路径
来源：VOS C C, TER BRAAK C J F, NIEUWENHUIZEN W. Incidence function modelling and conservation of the tree frog hyla arborea in the Netherlands[J]. Ecol. Bull., 2000, 48: 165–180.

样的生境条件下，在怎样的生态过程序列中，景观生境网络具有最高的生态持久性。如对景观客体生态发生过程研究的重要性一样，物种分布、种群分布情况在关于景观网络系统的持久性预测上是非常关键的因素，可以利用具有生态持久性指示功能物种的持续实证观测、科学严谨的模型化外推来对景观系统作出生态持久性运行方面的量化评估，从而反映其时间维度的生态水准。换句话说，即我们必须将景观系统的现状、未来空间分布格局模式对比有效转化为对景观客体生态持久性的能够量化的估计。

5.3.3.4 景观规划指标与规则的集成与制订

景观规划指标与规则的整合与制订是空间、生态二元景观规划整合策略的最终目标。严格地说，没有两种物种所需的景观生境是一样的，景观系统也一定不是只针对一种物种的生境。景观规划实践者、景观生态规划实践者当前的任务就是去寻找不同物种所需景观生境的相同之处，尤其是相似同质的生态发生过程，并进一步根据这些相似性从最小的但最广泛的层面对物种所需景观生境进行生态空间布局方面的分类，从而发展出适应这些生态布局的可持续的景观设计指标和规则。

在荷兰，因沼泽地对自然的保护具有重要意义，荷兰政府对沼泽地的"经营"一直以最生态的运行过程及策略进行。例如，为了保护沼泽地的生物多样性，沼泽区域被规划为具有生态栖息地网络功能的景观生境廊道。经过不懈努力，一些碎片化严重的沼泽地区片竟有效恢复，一些现状沼泽区衍生出生态功能优良的新增廊道区域。对于荷兰政府来说，了解在什么位置扩大现有沼泽地区域，在什么地方发展人工景观游娱设施，在什么地方创造自生成的廊道区域环境及知道规划是否足以达到目标都是需要深思熟虑、不断推敲的事情。而这一切都要通过单一物种、局部种群生态测量，各景观层次概念、模型及方法的测试与校核，景观生境系统生态持久性的预测评估及景观整体生态网络层次的设计准则及评估工具制订等各阶段的生态化考量、预测及检验。

5.4 本章小结

一方面，当前区域景观规划中的空间、生态统筹耦合进程滞后，两者二元分化发展特征依然明显。因此，对空间与生态二元研究主线的整合是区域景观规划的首要任务。另一方面，规划是否会起作用并有助于生态可持续性在很大程度上取决于规划过程中的决定与决策是否正确或正义。区域生态不仅是区域生态基础设施建设与维护的核心尺度与层次单位，同时也是景观安全格局内涵视角下对自然生态演进与美学伦理发展进行测度的基本内容。所以，区域景观规划中的生态规划决策是所有生态规划决策的前导与基石。

本章首先从空间、生态二元景观规划形成的背景与整合的意义入手，将空间、生态二元景观规划整合的过程分解为景观问题定义、景观方案生成、景观运作评估三个子过程，并在景观空间分布模式的清晰解读，景观各层概念、模型及方法的测试与校核，景观生态持久性的预测评估，景观规划指标与规则的继承与制订四个层面提出了空间、生态二元景观规划整合的策略；其次，面向区域景观生态规划方法走向深层生态，在目标的确定途径选择与目标的等级选择两个层面解释了区域景观规划中生态规划目标确定的途径，从生态系统网络的选择与生态水平条件的选择两个视角阐述了区域景观规划中生态规划条件的选择方法，进而从决策框架步骤与结构、决策框架支撑指标示例、决策框架评价应用三个方面导出了区域景观规划中的生态决策框架。

第 6 章
服务生态系统的区域景观营建协同机制搭建

        当前的土地利用决策正从国家主导的规划开发体系向区域规划治理体系转变,各参与方在治理实践中的适应性参与和协同性参与是实现对区域景观生态环境进行有效保护与管理的前提,其重要性甚至超越了旨在对自然要素进行精确排序的相关生态技术与规划方法的应用。面向区域景观影响与管制,普通大众是与其进行日常交互影响的一般主体,规划从业者与行政决策者则是对其发展状态进行格局控制以及相关政策制定的专业主体。即两者是实际决定区域景观演变或发展走向的共同驱动力与影响要素,在保障区域景观健康运转与完整生态功能发挥上,任何一方都无法缺位。协同即构成组织系统的各参与主体以协调合作为通道,达成组织系统整体功能大于各参与主体功能之和的一种组织系统结构状态,其既体现了组织系统通过这一过程所达成的结构状态优化的结果,又反映了组织系统发展的协调合作过程。协同是各领域中普遍存在的现象,也是一切组织系统演化发展的必然趋势。在人地关系这一复杂的系统中,两者间的联系与发展往往以无序或有序的现象呈现出来:无序体现为混沌,有序反映为协同。如果组织系统内各参与主体间不能很好地协同起来,组织系统就必然呈现为混沌无序状态,组织系统的整体功能也就不可能得到充分发挥。因此,针对当下我国区域景观生态文化营建与区域景观生态空间格局控制发展的分化与隔离问题,从其固有关联属性出发,实现两者间功能协同作用的发挥是解决区域景观生态化营建中"软硬件"融合问题的关键。

6.1 区域景观营建协同的内在关联性分析

6.1.1 主体二元是协同的前提

协同效应用来描述与解释复杂系统内部各组成成分或子系统间通过非线性的相互影响、转化和作用而产生的整体效益与集体效能。作为分析并解决复杂系统难题的重要理论与方法，协同学在社会科学、管理科学及地理科学等领域被广泛应用。协同学认为，无论一个复杂系统其情况如何，如果其构成的组分间没有合作的关系，各行其是，则系统整体必然是无序的；反之，如果复杂系统中的各组分间是有序排列、互补互惠并协同行动的，便可以形成系统自组织性及涌现性，进而使系统发挥出整体的效应（图6-1）。

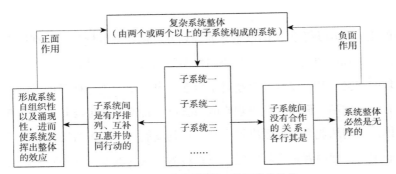

图6-1 系统内子系统的正负面排序效应

区域景观环境发展与演变往往与众多的社会、环境、文化利益诉求交织在一起，使得区域生态环境保护与区域社会经济发展间的协调统合呈现出了巨大的复杂性与混乱性。一方面，利益主体不同、关注点与目标预期相异造成了资源竞争、重复建设、反馈分异等矛盾的不断激化；另一方面，以经济红利追逐为导向的区域景观规划实践常常无视或短视其不当行为可能给环境带来恶劣的影响，在毁坏现有生态系统运行机制的同时，也为日后的生态维护或修复累积了层层重担。因此，如何在规划系统或网络中对规划利益相关主体进行统筹管理，形成生态友好型的多元主体参与方式，是区域景观生态化营建的核心议题。

区域景观生态文化意指区域内公众在思维方式、生活方式、生产方式等层面呈现出的对人与自然间关系的理解和判断，反映了区域市民在生态伦理认知、生态知识储备、生态公共理性意识等方面的生态素养水平，是对区域生态文明建设中公众能力进行表征的核心指标。区域景观生态空间格局控制是对区域景观空间格局的生态性规划与管控，旨在通过政府牵头与主导并借由专业规划从业人员配合实施，构建区域可持续发展的生态安全屏障。区域景观生态空间格局控制是跨生态学、地理学、规划学等的交叉研究与实践领域，以专业知识的密集应用与有效融合为明显特征，反映了区域在生态智慧、生态信息、生态技术、生态管理等方面进行统筹的能力与水平，是对区域生态文明建设中精英能力进行表征的核心指标。即"普通市民（公众层）对区域景观的日常性作用""行政部门与规划机构（精英层）对区域景观的专业性管控"是影响区域景观系统发生变化的两个主体，是潜在协同效应实现与相关支撑机制建设的前提（图6-2）。

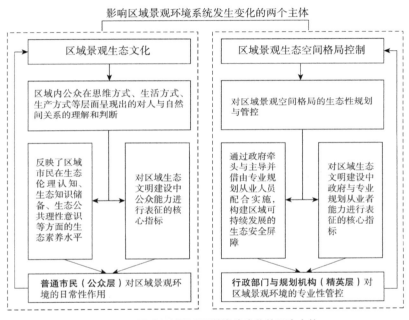

图6-2 影响区域景观系统发生变化的两个主体

6.1.2 主体互动是协同的条件

互动是参与主体间通过相互作用而彼此发生改变的过程。良性互动是指互动主体间，借由一定的程序、规则或者制度，在具有互相接触或者彼此依赖的行为模式下，利用某些中介或者合理的措施、途径，从而不断产生积极正向作用及促进共同目标理念实现的活动过程。长期稳定的良性互动关系需要满足三个条件，即主体间需要具有相类似的或者共同的价值理念，主体间有发生相互依赖性行为的必要性，以及主体间有发生相互依赖行为的可能性。

区域景观在普通市民（公众层参与主体）与行政部门和规划机构（精英层参与主体）的二元双重影响与作用下进行发展与演进。从价值理念的方面来看，"区域景观生态文化的营建"与"区域景观生态空间格局的控制"均指向保障与维持区域景观生态过程完整和功能健康发挥，在目标达成上具有高度的一致性，两者间积极的互动关系能够强化各利益相关者参与或合作的意愿，促进相关合作机制或规则的达成与落实；同时，可持续性的互动关系结构能够有效激发两者间依赖或共生情感的生长，对资源与行动力的合理分配产生积极正面效应。而从参与主体间发生相互依赖性行为的必要性来看，公众属性的"区域景观生态文化"与精英属性的"区域景观生态空间格局控制"是区域景观与区域人类社会之间发生交互作用与影响的两条主线，在维持区域景观生态过程完整与功能健康发挥上，"公众在文化层应具有的生态友好型生活、生产、消费意识"和"行政部门与规划机构对区域景观生态空间格局的生态型控制"均无法缺位，两者间存在高度的相互依赖性。再从两个主体间发生相互依赖行为的可能性来看，因为"区域景观生态文化"与"区域景观生态空间格局控制"都是在同一区域时空范围内对同一区域景观体验主体与客体间关系属性或特征的描述，两者间必然有发生相互依赖行为的空间与时间基础。因此，从协同学的视角来看，"区域景观生态文化"与"区域景观生态空间格局控制"间的良性互动是推动区域景观系统向有序发展的内在动力，是形成协同作用和相干效应的重要机理与必要条件（图6-3）。

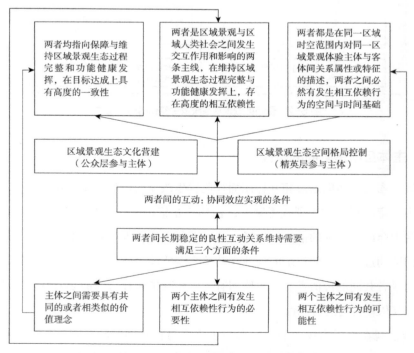

图6-3 "区域景观生态文化"与"区域景观生态空间格局控制"间的良性互动关系

6.1.3 目标趋同是协同的基础

一般意义上，依照组织的自治程度、扁平结构和沟通程度，可以把组织间关系划分为竞争、合作、协调、协同和控制五个类型。在这五个类型关系构成的连续体中，合作位于其较低的一端，而协同则靠近较高一端。因此，协同既不是简单的协调，也不是一般意义上的合作，而是协调和合作在目的一致性、目标共同性程度上的极大拓展与延伸，是一种比协调和合作层次更高的集体行动。即目标趋同或一致不仅能从根本上激发参与主体的自觉能动性以及共同愿景凝聚力，同时也对组织系统内部进行资源有效整合、角色自觉匹配与功能协调发挥具有积极促进作用，是组织系统内部各参与主体间协同作用发挥或协同效应实现的基础。

生态文化是现代公共文化服务体系的重要组成部分。在生态文化的核心领域和生态文明建设的广域体系中，生态文化的公共性塑造是关键：生态文化只有成为社会共识和群众共识，即积极推动公众形成正确的大众美学生态伦理观，才能激发人们保护生态环境的道德责任感，使人们自觉调整"人地关系间物质转化的模式与方式"，也才能真正为环境保护实践提供坚实的意识基础和内在动力。区域景观生态文化的营建根植于美学、生态学、伦理学和哲学的融合，着眼于人与自然协调演进的长期利益，主张景观审美范式由传统视觉美学向视觉生态美学的转变，旨在通过亲生命性的景观美学涵养培育与亲地方性的景观历史线索串联，促进公众景观体验者的生态美学素养与生态伦理道德水平提升。而区域生态不仅是区域生态基础设施建设与维护的核心尺度和层次单位，同时也是景观安全格局内涵视角下对自然生态演进与美学伦理发展进行测度的基本内容。区域景观生态空间格局的控制旨在借由区域空间与生态二元景观规划的统筹耦合、区域景观规划中的生态规划决策框架建构，实现对区域景观生态系统结构与功能完整的维护和保护。即区域景观生态文化的营建与区域景观生态空间格局的控制的基本初衷或目标内涵保持了高度一致，为两者间协同效应的生成奠定了坚实的基础（图6-4）。

6.1.4 功能互补是协同的关键

过程协同的功能互补是协同过程实现的关键。区域景观生态环境营建中参与主体的多元并不必然产出协同的效应，主体的简单叠加或累积也不会使整个营建网络或体系运行高效。区域景观生态文化营建与区域景观生态空间格局控制是面向区域景观生态系统结构与功能维护和修复的两个必要内容，缺一不可，互相促进。

功能主义（功能结构理论）认为，正如身体的各器官共同努力以保持身体健康运

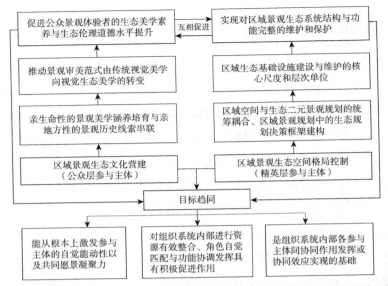

图 6-4 "区域景观生态文化营建"与"区域景观生态空间格局控制"间的目标趋同关系

作一样，社会系统中的各组成部分通过整体协作来维持社会系统的正常运转。功能主义对社会每一部分的解释都与其在促进整个社会稳定中发挥的功能密切相关。即功能结构理论着重强调：社会不仅仅是其构成部分的总和，社会的每个部分都对整个社会的稳定运行起着相应作用。换言之，许多功能主义学家实际上把社会想象或描绘成一个鲜活的有机体：在有机体中，每个组成部分都扮演着一个必要的角色，但是没有一个组成部分可以单独发挥作用；当某个有机体经历危机或者风险时，其他有机体必须以某种方式调整，适应，来使系统整体达成相对平衡。

研究基于结构功能理论的视角，结合区域景观生态系统发展的过程属性特征，将区域景观生态系统作为一个有机发展的整体予以解释。作为影响区域景观生态系统发生变化的两个绝对主体：公众属性的区域景观生态文化反映了公众审美主体对人与自然间各种关系的认知与理解，主导着公众在自然世界中表现出何种行为模式或特征（在与自然世界的互动中对自然生态系统本身的发展模式产生生态有利或生态不利的影响），并间接表达了意识主体对自然世界（意识客体）的价值立场，是决定区域生态连续体功能能否完整与健康发挥的"软体"；精英属性的区域景观生态安全格局控制是对相关科学知识进行有效统筹与密集应用的过程，在保障区域社会经济系统与区域自然环境系统间和谐关系维持上发挥着主导作用，是决定区域生态连续体功能能否完整与健康发挥的"硬件"。显然，面向区域景观的生态性营建，"区域景观生态文化营建"与"区域景观生态空间格局控制"间的"软硬件式"功能互补或功能耦合是两者协同效应实现的关键所在（图 6-5）。

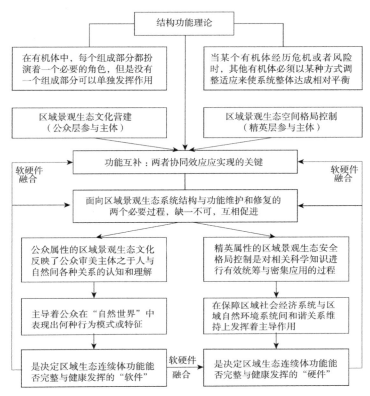

图6-5 "区域景观生态文化营建"与"区域景观生态空间格局控制"间的功能互补关系

6.2 区域景观营建协同的规划组织机制框架

"普通民众（公众层）对区域景观的日常性作用"和"行政部门与规划机构（精英层）对区域景观的专业性管控"是影响区域景观系统发生变化、面向区域景观生态系统结构与功能维护和修复的两个能动主体。相应地，"公众"和"行政部门与规划机构"也应是区域景观营建协同机制建构的两个实践主体。研究旨在通过以新型区域景观规划组织框架的搭建为依托，建构区域景观生态化营建的协同机制。其中，公众参与增强公众生态意识介入区域景观生态共建，将区域景观生态文化营建作为适应性嵌入区域景观空间格局控制的纽带，在该规划组织框架中发挥规划决策共建与规划实施监督的效能，本研究将其表征为公众参与协同机制；行政部门与规划机构在该组织框架中发挥组织统筹的效能，将"区域景观生态文化营建组织规划系统"与"区域景观空间格局空间组织规划系统"间协同程度的调控作为其主体功能，本研究将其表征为规划策划协同机制、调研调查协同机制、问题析出协同机制、方案设计协同机制、方案实施协同机制。

6.2.1 公众参与协同

6.2.1.1 公众参与协同的背景与必要性分析

市场失灵和政府失灵是导致区域生态环境遭受负面影响的主因。公众参与环境治理的缺失、公众参与对规划从业机构以及规划权力机关的监督缺位进一步扩大了区域生态的破坏。长期以来，企业与政府在对项目的选址、环境评价以及后续的运营与监管等方面形成垄断性的主导地位：从市场规律来看，企业自然以不断扩大生产规模、实现经济效益最大化为目标，对用牺牲环境来获取经济利益具有天然趋向性；而政府多偏重以经济繁荣、GDP 增长为区域发展的基本导向，与区域生态环境管制和控制相关的制度、机制、架构甚至法律施行起来往往大打折扣。因此，在有效的外部监管与监督缺位的背景下，各相关利益者间冲突的可能性不断加大。

1992 年的《里约环境与发展宣言》第 10 项原则指出：环境问题的解决应以所有利益相关者的参与为前提，对区域生态与环境有影响的项目或规划均具有公共活动的明显属性。因此，公众作为与项目或规划直接利益相关或受其最大影响的主体，公众参与原则是凸显区域景观规划公共特征的主要渠道，公众参与区域景观营建对建立健康的区域环境治理体系具有重要意义。另外，公众参与也是区域生态环境营建中集体智慧应用、包容性建设、共识达成、民主治理以及实践型环境教育开展的关键平台，是表征区域景观生态文化营建的核心指标。此外，生态环境保护背景下的公众参与是对区域空间规划、土地利用以及由此产生的区域环境变化的思考、评价与决策影响，是能够真正实现"区域生态文化"与"区域生态空间格局"间关系链接及耦合机制建设的主要着力点。

生态文化营建与生态空间格局控制的协同是保障区域景观生态功能健康发挥的"软硬件"融合问题。借由公众参与实现生态文化营建与生态空间格局管制间的对接与嵌入，是解决这一问题的关键一环。一方面，生态文化的营建以市民与公众生态意识的加强与生态美学素养的提升为基础。公众参与区域景观营建是社会大众从实际环境项目中高效学习生态知识、积极实现自我环境教育、有效强化自身生态素养、大力培育区域共同管制主人翁意识以及促进项目决策透明化与民主化并旨在有效避免潜在冲突的主要渠道；同时，当公众在规划制订中分担计划决策的责任时，其主人翁意识、责任意识及所有权意识便会有极大提升，将有效提升项目在未来推进过程中的公众认可与支持度。另一方面，由于环境损害在很大程度上是不可逆的，预防原则和预防战略往往比在环境损害发生后才加以处理更为可取。如果可以在项目可行性论证、项目环境影响评价阶段便有效对公众的偏好和关切予以关注，则对减少未来项目实施中潜在的争议和冲突会有非常积极的帮助。因此，公众参与是将生态文化接入生态空间格局控制的主要路径，将公众参与纳入与区域景观规划相关的行政决策程序是实现区域景观生态文化营建与生态空间格局控制协同机制建设的必要顶层设计，是建立健康区域景观营建体系的重要转向。

然而，长久以来，我国生态空间格局的控制近乎完全依靠专业的规划从业机构与政府行政决策主体的相互配合来予以实施，《中华人民共和国环境保护法》（1989年）、《中华人民共和国环境影响评价法》（2006年）等涉及公众参与环境治理的法律法规并未对公众实质参与区域环境问题的评价与决策等权益进行实质保障。因此，将公众参与适应性嵌入区域景观营建的规划组织系统，不仅是实现区域景观营建协同的必要条件，同时也是保障区域景观营建服务生态系统效能发挥的必然要求。

6.2.1.2 公众参与协同的要素构成

受组织质量、知识储备、公民素养等多重因素影响，公众参与往往在效能、水平、利益诉求达成、实际决策影响范围与程度等各层面呈现出较大的差异性。一方面，公众自身生态意识的高低直接决定了其对参与区域环境协同治理的态度是否积极以及能否在实践参与中对相关问题进行准确研判、提出理性诉求以至最后为行政主管部门提供有价值的意见与建议；另一方面，公众是否有组织意识，即利用正确与正当的渠道拓展和程序建设来达成团体性、类群性的意愿表达与影响，也是衡量公众参与在区域景观的协同治理中能够真正发挥作用的重要指标（图6-6）。

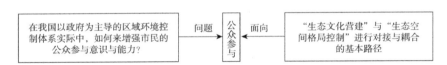

图6-6 公众参与是实现"生态文化营建"与"生态空间格局管制"进行对接与耦合的基本路径

公众参与区域景观营建在国外发展的历史比较长，很多国家都已有比较完善的法律政策对其进行支持和保障，参与领域较为广泛，参与形式也多种多样。相比之下，我国环境保护中的公众参与起步较晚：2006年2月，《环境影响评价公众参与暂行办法》颁布；2018年4月，《环境影响评价公众参与办法》获审议通过，并于2019年1月1日正式施行。在从"暂行办法"到"办法"的转变过程中，由于环保信息未完全发布，以及公众被动参与、专业知识缺乏等综合原因，环境影响评价中的公众参与未能发挥有效作用，而仅仅是一道生硬的程序。另外，2015年11月公布的《关于建设项目环境影响评价公众参与专项整治工作的通报》中指出：抽查的环评项目显示，公众意见调查存在部分被调查者意见由起初支持变更为反对、众多被调查者无法取得联系或表示未填过调查表等问题，公众意见调查质量不高，建设项目环境影响评价公众参与流于形式，未能充分保证公众的合法权益。

因此，如何基于我国实际将以公众参与为表征的生态文化营建有效嵌入对生态空间格局的控制，是当下面向区域景观生态性维护与建设的一大难点。在我国以政府为主导的区域环境管制体系实际中，如何依靠政府支持与引导并借由环境教育和组织建设等手段来增强市民的公众参与意识与能力，进而使高水平的公众咨询在土地利用变化核准与区域生态环境影响管制中发挥应有的效用，是决定生态文化营建与生态空间格局管制能够在意识层面实现对接并进而发挥协同作用的关键影响因素（图6-7）。

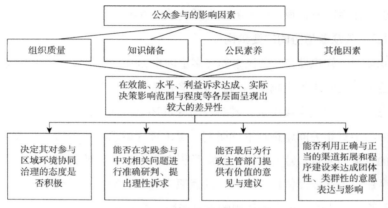

图 6-7 公众参与的关键影响要素

党的十九大报告提出，保障广大人民群众的表达权、参与权、知情权和监督权，构建企业为主体、政府为主导、社会组织和公众共同参与的环境治理体系，是新时代我国生态法制建设的重要内容。自2019年1月1日起正式施行的《环境影响评价公众参与办法》（以下简称《公参办法》）也重新强调了国家鼓励公众参与环境影响评价的基本立场，并指出环境影响评价公众参与应遵循依法、有序、公开、便利的原则予以开展。《公参办法》着重强调了如下规定。

①进一步明晰生态环境主管部门的审查主体责任与义务，要求生态环境主管部门对公众参与程序是否符合《公参办法》规定、公众参与是否正确、正义进行审查。

②要求建设单位单独编制专项公众参与说明，并将其纳入环境影响评价审批的受理要件，坚持同步受理、同步公开原则，广泛接受公众监督和举报；生态环境主管部门对公众意见需要认真对待，并作及时有效答复。

③严惩失信与违法行为，对未进行充分征求公众意见的情形，相应生态环境主管部门退回环境影响报告书，并责成建设单位重新征求公众意见；对建设单位在公众参

与过程中弄虚作假，造成公众参与内容失实及程序错误的，由生态环境主管部门将该建设单位及其主要负责人、法定代表人失信信息记入其环境信用记录。

而对环境影响方面公众质疑性意见多的建设项目，《公参办法》要求建设单位应当按照下列方式组织开展深度公众参与。

①公众质疑性意见主要集中于环境保护措施、环境影响预测结论及环境风险防范措施等方面的，建设单位应及时组织召开公众听证会或座谈会。两种会议形式均应邀请在环境方面可能受建设项目影响的公众代表参加。

②公众质疑性意见主要集中在与环境影响评价相关的导则、专业技术方法、理论等方面的，建设单位应组织召开专家论证会予以充分论证。会议应邀请相关领域专家参加，并同时邀请在环境方面可能受建设项目影响的公众代表全程列席。

③相关建设单位可依据实际需要，向建设项目所在地县级以上地方人民政府提出申请，请求县级以上地方人民政府协助对公众参与进行实践指导。县级以上生态环境主管部门有必要在同级人民政府指导下配合做好相关工作。

与《环境影响评价公众参与暂行办法》（2006年）相比，《公参办法》在解决公众参与主体不清、范围和定位不明、流于形式、弄虚作假、违法成本低、有效性受到质疑等诸多突出性问题方面确实有了一定改善。但本研究认为，为真正达成公众参与的充分性和有效性，《公参办法》仍有必要在如下几个方面进行调整与加强。

①在当前的公众参与框架中，建设单位作为组织公众参与展开的主体地位得到了明确与保障，而公众在参与程序中的被动参与角色与地位仍未得到有效改观。即公众对建设项目有发表意见与看法、进行监督与举报的权益，但最终的审批与决策依然全部在行政主体一方，公众对项目的直接影响或决策影响仍旧存在很大的不确定性。

②《公参办法》强调了公众参与中行政主体的主导作用，但目前看来，这种主导强调的仍是行政主管部门在项目程序审查与决策中的绝对主导地位。事实上，公众在区域环境协同治理中本就处于弱势地位，相比于政府与企业，其在信息的掌握程度、本身所具有的必要知识储备、参与过程中所需要的组织效率等诸多方面均处于劣势；而政府作为公权力机关，除了是进行区域资源调配、项目建设审批的操盘手，其本质上有对区域生态完整进行保障的天然使命；因此，面向区域生态保护与治理，政府与公众具有最大的利益关切公约数。政府在引导市民进行有效公众参与、培育区域环境治理中公众参与的长期机制与文化、形成政府依靠公众对项目建设进行实际监督的伙伴关系等方面发挥引领与组织建设作用，这才是体现其主导功能与职能发挥的真正方向。

③整体来看，《公参办法》主要侧重于解决政府、企业与市民在公众参与环境治理体系建设中职能的明确、范围的划分以及责任与权益的界定，框架搭建的色彩浓厚，而在有关市民公众参与能力的培育、公众参与文化的养成、公众参与意识的激发等方面，则缺乏详细并具有可操作性的相应说明与解释，为其在实际情况中予以实施与应用带来较大风险。

基于上述三个视角的问题分析，立足《公参办法》的内容补充与可实施性特征优化，本研究以区域环境治理中公众与政府协同决策能力建设为导向，从目的、内容、利好、潜在问题四个层面提出了公众参与协同决策应包括的 7 个基本要素，旨在构成以政府引领与支持为支柱、市民公众参与能力提升为路径、两者伙伴型关系形成为保障的协同决策能力建设基础框架（表 6-1）。

6.2.2　规划策划协同

规划策划协同是"区域景观生态文化营建"与"区域景观生态空间格局控制"间针对关联问题进行联合求解与联合决策的实践过程。首先，组织间协作的动机差异是多主体目标一致性达成的主要障碍，需要通过规划策划对参与主体间的利益诉求差异进行平衡。因此，一方面，针对任何实际规划实践，各规划参与主体间提前或预先对其所持理念、设想或利益关切进行沟通显得十分必要；另一方面，尽管"区域景观生态文化营建"与"区域景观生态空间格局控制"有相近的终极目标达成方向，但两者在知识边界、方法应用、实践对象、目标描述、知识转化等方面依然表现出相当明显的差异，在阶段性目标的对接、互补性水平的评估等方面都要求有相应沟通或协商模式的适时介入。其次，从组织间协作的时序约束性来看，阶段性协同是整个协同过程的基本单元，下一阶段协同工作的铺开必然以前一阶段协同目标的实现为前提。因此，笔者将"区域景观生态文化营建"与"区域景观生态空间格局控制"间的规划策划协同划分为长期、中期、短期三个层级的协同模式：长期针对生态文化营建与生态空间格局控制间协同进行总体结构设计与组织系统架设；中期规划决定常规协同行动的大纲，并同时对协同链中资源、信息的流动数量与时序作出预估；短期以具体实施方式与方法的明晰为导向，主要承担将中期行动大纲详细化为实际协同行为发生的执行说明或相关程式。这种分级规划系统的主要思想在于将总体规划的任务分解为不同层级的规划模块。模块越多，分工越细，则越趋近实际操作与实践（图 6-8）；同时，不同模块间通过垂直和水平的信息流进行连接，较高层级的规划模块信息输出是下级规划模块实践展开的行动指令，而下一级模块也为上一级模块连续输入反馈信息，推动了两者间交互性优化的发展（图 6-9）。

公众参与协同的要素

表6-1

要素	主旨	内容	目的	问题
要素1	让规划从业机构与行政决策主体对公众的实际需要和关切予以了解	规划从业机构与行政决策主体通过多种方式获取公众意见，了解社区与公众的需要与次序等因素，进而对规划项目的实际需要和关切进行合理安排	提高规划从业机构与行政决策主体对公众的需要和关切的认识和认知；规划从业机构与行政决策主体能够实际了解到与项目或问题密切相关的利益相关者的真实意见	规划从业机构与行政决策主体和公众意见相矛盾，出现冲突情况；规划从业机构与行政决策主体对公众的关切置之不理
要素2	利用公众参与规划和影响规划从业机构和行政决策主体的决策	使有意义（有效）的公众参与成为规划从业机构与行政决策主体决策的过程与文化要素；建立和实施相关机制，与受项目直接影响的公众尽早参与到项目过程中，及时共享信息并作出及时和积极的回应；对公众的意见及时作出决策过程，并体现在政策制订和成果输出上；将公众的意见最后的政策与成果进行特别说明，尤其需要进行特别说明；规划从业机构与行政决策主体，对公众参与充分解释，与公众逐渐养成由公众、行政决策主体，规划从业机构三方组成小组，利用圆桌会议、民主座谈、并放评议等形式，对公众的实际深度、目标实现情况和成果未来更优方案的可能性	让规划从业机构与行政决策主体对公众的困惑，关切予以及时予以了解；对公众参与个人的价值进行充分认知；鼓励并激发公众参与可持续参与的热情与耐心；项目实施阶段，促进公众的认同与参与；能够额外收集到其他项目推进相关的意见与建议；公众逐渐养成与政府建立有意义的合作伙伴关系的信任及习惯；促进项目推进的透明度，强化对政府的信任的能力；参与解决问题的意愿，进一步的意愿；提升社区解决问题的能力；为行政决策主体制定更有效的法律和程序奠定基础	公众参与的时间和成本问题；缺乏较好的实践案例进行参考与借鉴；关于建立何种伙伴关系的问题；公众与政府合作伙伴度的公众一致；公众与政府的关系的心理与预期落差
要素3	使用多种方式进行拓展和沟通	构建和使用多种方式来达成公众与政府间的信息共享，并以社区为单位对市民进行公众参与的价值，方式及程序予以讲解和培训；利用传统的会议、面对面沟通、传单、简讯等形式，并通过电视、手机和社交媒体等渠道，结合公众参与政府会议和活动，使政府公众参与所在地或项目所在区域的利益相关者能够充分知悉项目相关情况与进度；组织公众并举办与项目相关的社区研讨会、座谈会、讲座会及其社会性其社会性的全社会代表性；将不同人群纳入公众参与的进程，以强化其社会整体性与代表性	极大地拓展信息获取的形式与渠道；促进信息共享和扩大公众广泛参与的机会；强化公众参与的全社会代表性	信息共享方式与广度拓展[a]生的时间与费用成本升高；活动组织和舆情调查中产生的人力成本上升

要素	主旨	内容	目的	问题
要素 4	确保所有人群都可以参与到公众参与中	确保公众参与中囊括了所有人群的意见与观点，要对弱势群体的声音同等对待； 发展与采用多种形式的宣传性福利参与手段，强化公众参与群体的吸引力； 发展适合各类人群进行公众参与的机制与路径，营造各类人群进行公众参与的氛围及信任的环境，与区域尤其是社区中的各类型团体建立伙伴型关系； 充分利用和丰富公众参与组织者的多元性，为其与社区团体提供各类型的培训与再教育； 通过学校和娱乐休闲场地对公众参与的深度与广度进行积极拓展； 在公众参与中，对市民与政府互动的方式形成积极创新； 对公众参与中的交通可达性、时间规划、地点选择、时间安排、对公众参与进行可持续性的经营，并将公众也纳入这一建构进程	增加公众参与的机会，丰富公众参与形式，最大限度地鼓励公众参与； 使公众参与更具有包容性，将各类人群的声音与观点都囊括进来； 发展并推动区域公众参与程序与文化的形成，促进公众对规划与行政机构从业机制和项目的理解和认同感； 增加公众对规划与行政机构从业机制和项目的理解和认知，提高人们对公众参与中的舒适感； 不断减少公众参与中的屏障与阻碍	延伸、拓展、培训过程中时间与费用成本的上升； 不同社区与区域在优先事项考虑上关切上的矛盾和冲突； 后勤与组织保障压力的上升； 在有关丰富与拓展公众参与的方法和渠道等问题上与政府意见相左
要素 5	与其他组织发展合作伙伴关系	支持社区委员会系统的建立、发展、促进其在信息传播以及作为整体与政府进行意见交换和沟通等方面发挥积极功能； 授权与鼓励社区委员会、社区协会及其他团体编制订小范围的生态发展规划，并在区域土地利用审查中发挥重要功能作用； 将社区小范围生态发展规划，并在区域土地利用审查中发挥重要功能作用； 整体与政府进行意见交换和沟通等方面发挥功能； 与社区协会及其他团体或组织签订立合约，社区活动的开深； 与不同人群及各类型相关利益团体结成伙伴关系或订立合约，以深化其进行公众参与的程度； 持续性开展，信息共享交流的程度； 与社区协会及其他团体或组织签订立协议，提供必要的资金，以协助其解决社区关切问题或改善社区整体生态环境； 社区委员会、社区协会及其他团体在指派相关人员在规划从业机构与行政机关中指派相关人员提供相关技术援助； 根据项目影响的地理范围内，实现政府与社区对项目信息的绝对共享	促进社区层级组织建设和领导作用的发挥； 使社区与公众更贴近城市和区域的决策、发展、演进，延展城市与区域的包容性和弹性； 促进社区与其他团体、机构、组织的伙伴关系建立与发展； 让社区与公众参与到城市和区域日常性的构与方法实施中； 政府与社区联络人机制的建设为公众进行咨询提供了渠道； 面对面询问与咨询为公众行日常性的	政府在与社区协会、组织或团体结成合作伙伴关系或订立合约中造成的时间与费用成本的上升； 加强和支持社区组织建设与发展及其领导力培养带来的时间成本增加； 公众与社区在关于其需要何种培训支撑与技术支持等方面存在较大困惑与认知空白

续表

要素	主旨	内容	目的	问题
要素6	强化公众知识	促进问题识别、方法建构、方法实施等过程中的信息共享与知识建设; 采用多种方法进行现存信息共享与理解; 确保公众对现存问题、方法介入和解决流程的认知与理解; 利用海报、简报、小册子、传单等形式,小型工作坊、座谈会、讲座和公众论坛等渠道,促进市民与社区对公众参与形式及公众参与议题的了解和认知; 借助电视内容策划、网络与手机信息推送、专题报告与演讲等手段向市民和社区传播与传播相关信息;主旨广播与电视机构及其他文教组织合作,网络与娱乐休闲与娱乐相关概念,向青少年与学校、青少年公众参与的过程中介绍公众参与的相关知识,并纳入其他人公众参与提供有关公众参与成果的过程中,促进其公众参与的有效性; 根据需要或要求向市民与社区提供相关专业技术知识; 对市民与社区进行培训和再教育,促进其公众参与的有效性	公众对相关问题、制度、程序和后果的理解; 促进具有知识储备和解决方案导向特征及参与型社区的发展; 社区在领导力、推广力、沟通力等方面的发展与加强	信息充分共享与知识有效构建带来的时间与成本上升; 培训、出版和其他材料带来的时间和费用成本增加
要素7	向公众参与提供相应的资源投入与调配	将政府资源投入到公众参与	促进公众对社会公共资源的共享,彰显公共参与的价值与意义; 确立政府在公众参与中承担牵头、服务与组织的功能与角色; 保障与促进公众参与计划的发展和实施; 保障与维护公众参与成果及机制的可持续性发展与完善; 保证公众参与中技术援助和教育资源的质量与品质	公众与政府在资源投入数量和质量方面的分歧; 政府资源的有限性以及由此产生的成本与预算压力

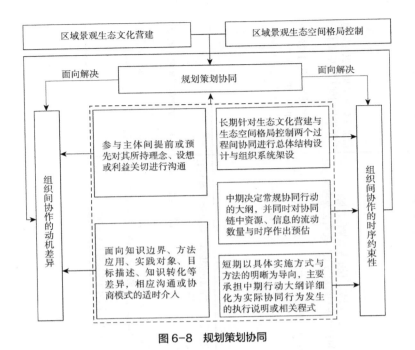

图6-8　规划策划协同

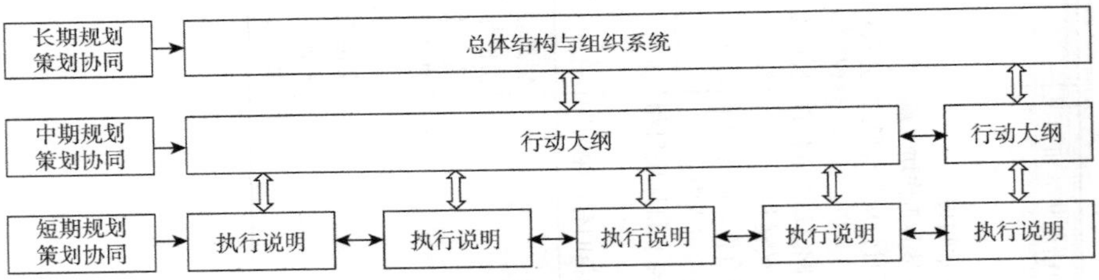

图6-9　规划阶段性任务示意

6.2.3　调研调查协同

调研调查是保证行为结果具有合理性的必要条件，没有调查便没有发言权。当前与区域景观规划相关的多数问题均和调查的不透彻、不全面及不准确有直接的关联。"区域景观生态文化营建"与"区域景观生态空间格局控制"间的调研调查协同旨在从以下三个层面发挥效能（图6-10）。

①由前述分析可知，在对区域景观的实际影响特征中，"区域景观的生态文化水平"与"区域景观的生态空间格局控制水平"彼此既可以是互为促进的助益性因素，也可以是互为制约的阻碍性因子。因此，通过协同性的调研调查，旨在首先明晰究竟"哪一方"是当前区域景观生态化营建中的主要短板。

②在"区域景观生态文化营建"和"区域景观生态空间格局控制"双通路式的区域景观规划组织系统中，对相关规划资源的高效利用是关键。因此，通过协同性的调

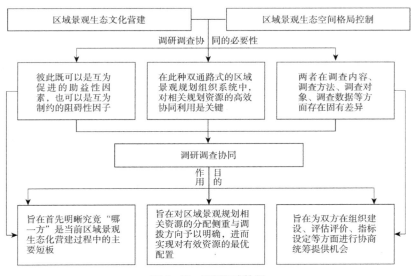

图 6-10　调研调查协同

研调查，旨在对区域景观规划相关资源的分配侧重与调拨方向予以明确，进而实现对有效资源的最优配置。

③尽管"区域景观生态文化营建"和"区域景观生态空间格局控制"在调查内容、调查方法、调查对象、调查数据等方面存在固有差异，但协同性调研调查的实施必然以双方在组织建设、评估评价、指标设定等方面的协商一致与统筹统合为前提，为双方了解彼此真实需求、丰富彼此规划内容以及真正促成"相向而行"的规划路径提供机会。

6.2.4　问题析出协同

德国植物学家卡尔·斯普伦格尔（Carl Sprengel）从植物与作物的生长特征研究中发现：植物生长受到最低浓度的必需营养素的限制，土壤中最不丰富养分的可得性与最丰富养分的可得性同等重要，植物的生长速度、生长规模以及其整体健康状况取决于它所能获得的最稀缺的基本营养素的数量，并由此提出了最小限制理论（Theory of Minimum，也称为李比希定律或最小定律）[263]。

协同学视角下，研究将"最小限制"视为服务生态系统的区域景观营建协同实现的核心议题，对于指向服务生态系统的"区域景观生态文化营建"与"区域景观空间格局控制"来说，两者间的协同放大效应与自组织效应实现以彼此间"最小限制"的不断弥合或突破为前提。景观生态文化营建是面向人对外部环境的生态伦理价值观的塑造与培育，而景观空间格局控制是面向外部环境本身的生态过程与功能发挥完整性的保障，两者的发展水准一致性是促成协同效应实现的基础。前者生发的生态理性认知系统、亲生命性的情感唤起与情感冲动是对后者健康存续施以自发维护的基本条件，而后者散发的自然美感气息、呈现的生态完整氛围是驱动前者回归生态伦理自然观、向人与自然生命共同体高尚认知升华的最佳路径。

基于以上分析及协同学理论基本原理，本研究以协同组织架设、一级序参量导出、二级序参量导出、三级序参量导出为路径，面向区域景观营建服务生态系统的协同放大效应与协同自组织效应形成，进行了问题析出协同的机制框架的搭建。

①协同组织架设是后续三个级别序参量导出的基础任务。此阶段以"生态问题显现—关切主体介入—统筹主体介入—规划项目发起—规划管理层建设"的时序脉络首先析出景观规划协同组织建设的管理主体；其次，管理主体基于社会资源合理调动与科学利用，进一步形成包括"设计主体、调查主体、实践主体、评估主体、体验主体、体验客体、保障主体及其他主体"在内的全主体介入式协同组织原型，并由组织内部动机调和与组织内部协同子系统梳理向具有"规划愿景一致、态度价值一致、规划程序一致、主体互动一致、宏观政策一致"显著特征的多元主体参与型协同组织形成迈进。

②一级序参量导出面向协同过程在宏观层面的主要矛盾析出。此阶段以信息共享与信息开放为前提，以专业调查团队组建与多学科知识介入和应用为保障，对景观生态文化现状与景观生态空间现状展开调查。根据调查结果分析，对两个方面的发展水准进行整体校核：若文化生态发展优于空间生态，则服务生态系统的一级序参量确定为"服务生态系统的景观空间格局控制"（两者间协同的"最小限制"在于空间生态）；反之，则为"服务生态系统的景观生态文化营建"。

③二级序参量导出面向协同过程在中观层面的主要矛盾析出。此阶段以"景观空间格局现状"与"景观生态文化现状"分别在区域景观空间与生态二元统筹现状、区域景观生态规划决策现状与区域亲生命性的景观美学涵养培育现状、区域亲地方性的景观历史线索串联现状方面的进一步详细调查为手段，进而识别出两者各自在下一层级协同中存在的主要矛盾（"最小限制因素"）。

④三级序参量的导出以区域景观在"生态空间"与"生态文化"的发展水平一致性达成为前提，意味着两者间"最小限制"因素的消除，以及"景观规划服务生态系统的协同放大效应与协同自组织效应"基础的形成。此时应基于两者水准一致性维持，并面向更高层次发展制订相关保障、规划及实践措施。

问题析出协同的实现机制路径与结构如图6-11所示。

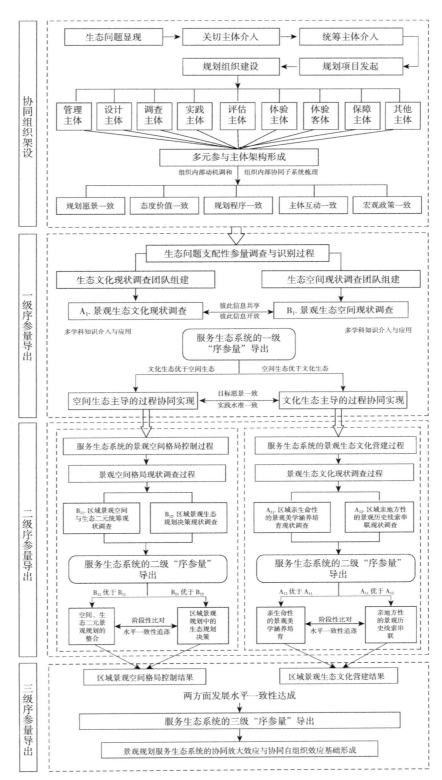

图 6-11 问题析出协同

6.2.5　方案设计协同

方案设计协同旨在通过制订协同性的解决方案来因应"区域景观生态文化营建现状"与"区域景观生态空间格局控制现状"中存在的相关问题。从方案设计的信息密集应用属性来看,方案设计协同的核心内涵在于对"调研调查协同"和"问题发现协同"中获取的有关信息进行综合处理。因此,由"直接接触"和"会议磋商"来突破规划组织系统间的信息交流固有界限,是方案设计协同效应实现的关键(图6-12)。

（1）直接接触

直接接触是方案设计协同过程中非正式的信息交换形式,在所有方案设计协同方法中具有成本低廉、形式简单的鲜明特征,包括直接正式接触和直接非正式接触两种类型。两者的区别主要在于信息收集或交换过程中采用的形式是否正式。即前者指规划组织系统间可通过信件、备忘录和报告等方式进行信息交换;后者则指规划组织系统间可通过随机对话或随机讨论等形式进行信息获取。由于方案设计协同过程中涉及的参与者众多,不同规划模块、实践主体间相互依存程度高,非正式接触的增加往往能够以较大的弹性来因应各种不确定性导致的风险或冲突可能。另外,非正式直接接触不仅不需要任何正式的程序就可以快速地收集信息,而且还保证能够在较短的时间内获取到直观且清晰度高的信息。因此,在方案设计的调整阶段,直接的非正式接触是解决设计信息流动效率低下问题的有效办法。

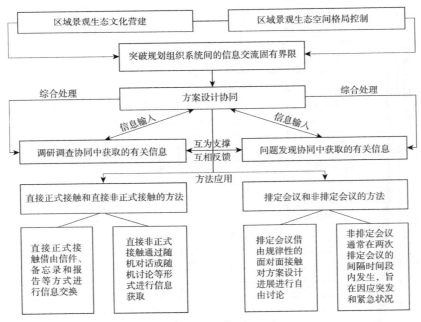

图6-12　方案设计协同

（2）会议磋商

会议磋商是方案设计协同过程中正式的信息交换形式，包括排定会议和非排定会议两种面对面的交流与协商类型。设计过程中的排定会议通常是时序性的会议安排，旨在通过规律性的面对面接触，对规划组织系统的设计工作进展以及已经出现或预期出现的任何问题进行自由讨论。而一旦方案实施阶段开始，面向初始方案设计的排定会议就会慢慢减少，而面向实施问题解决以及设计方案调整的排定会议次数便会相应增加。非排定会议通常在两次排定会议的间隔时间段内发生，旨在因应方案设计协同实践中出现的突发和紧急状况。"区域景观生态文化营建"与"区域景观生态空间格局控制"在数据对接、目标对接、指标对接等过程中涌现的不确定性是促使两者间非排定会议发生的主要原因。

6.2.6 方案实施协同

方案实施协同的重点在于对方案实施协同网络的建设。方案实施协同网络建设的好坏是决定"区域景观生态文化营建"和"区域景观生态空间格局控制"能否在方案实施阶段形成协同效应的关键因素。而内在的相互依存性又是协同网络形成的基本前提与根本基础。因此，方案实施协同实际上是在实践层次对规划组织系统间相互依存性关系的进一步把握与整理（图6-13）。

①规划组织系统间的相互依存关系共有三种形式：汇聚式依存、有序式依存和互惠式依存。在汇聚式类别中，组织中的规划系统间并没有直接的相互依存关系，但均为组织作出贡献；有序式的相互依存是非对称的，以一个规划系统的结果输出作为另一个规划系统的初始输入为主要特征；互惠式则意味着两个规划系统间是相互支撑的关系，彼此以对方阶段性任务的达成为其下一阶段任务展开的基础。从各自目标达成的层面看，区域景观生态文化营建与区域景观生态空间格局控制是面向服务区域景观生态系统功能向好的两条相对独立的通路，表现出了汇聚式的相互依存性；从生态文化与生态空间两者间互为促进、互为基础的本质关系属性来看，区域景观生态文化营建与区域景观生态空间格局控制间的方案实施协同具有鲜明的互惠式特征；而有序式的相互依赖性则体现在两个规划组织系统间需要依据彼此的阶段性方案实施情况来判定双方下一阶段工作展开的重点与方向。因此，"区域景观生态文化营建"与"区域景观生态空间格局控制"间的方案实施协同本质上是对两者所涉及的汇聚式、有序式和互惠式关系的整理与协调。

②要对"区域景观生态文化营建"与"区域景观生态空间格局控制"在方案实施协同中的三种依存关系进行有效整理与协调，则要特别注重对规划组织系统间三个固

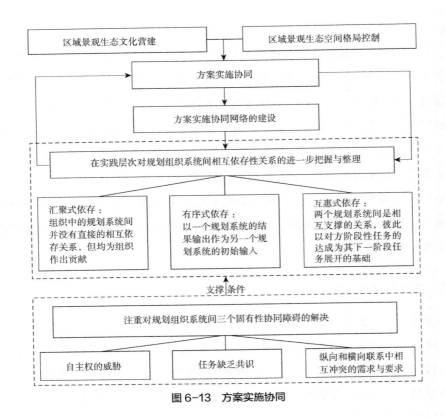

图 6-13　方案实施协同

有性协同障碍的解决：自主权的威胁、任务缺乏共识、纵向和横向联系中相互冲突的需求。一方面，尽可能保持对输入、输出和操作的独立控制是大多数组织系统的重要属性。因此，当方案设计协同中的相关要求影响到规划组织系统的独立性时，除非有明晰而显著的公共利益诉求，否则各参与主体必然因其组织自治权遭受侵犯而产生抵制意识，从而降低设计方案协同实施的效率。另一方面，任务共识意味着各参与主体以终极目标实现为导向，在采取的行动、争取的效益、采用的方法等方面达成了一致的看法或协议。但不同的规划组织系统也往往会因为在双边或多边的看法或见解、利益或资源的分配等方面出现分歧而给任务共识达成带来负面或不确定的影响。因此，从结构层次的角度来看，对同一横向层次上的合作伙伴来说，方案实施协同仍有必要利用公开讨论与谈判这样的方式来化解分歧。而从纵向和横向间联系的矛盾性来看，一方面，多数的实施参与主体不止依附或隶属于某一单一的组织或系统实体，需要在多方关切或指令中寻找平衡；另一方面，协调中多数服从少数、少数为多数让路等协调要求往往会把某些参与主体置于与本身利益需求相冲突的境地。因此，如何在方案实施协同中创造更多双赢或多赢的协同实践模式，是尤其需要进一步予以关注的关键着力点。

6.3 本章小结

生态文化营建与生态空间格局控制的耦合构成了保障区域景观生态功能健康发挥的"软件"与"硬件"融合问题。本章以区域景观营建间协同效应达成的必要性解析为前引，针对当下"区域景观生态文化营建"与"区域景观生态空间格局控制"两者间发展的分化与隔离问题，以"主体二元：协同的前提""主体互动：协同的条件""目标趋同：协同的基础""功能互补：协同的关键"四个层面的分析为基础，对两者间协同作用发挥的内在关联性进行了解析。同时，以"公众参与协同""规划策划协同""调研调查协同""问题析出协同""方案设计协同""方案实施协同"为依托，对区域景观生态文化营建与区域景观生态空间格局控制间的协同作用实现机制进行了构建。

第 7 章
结　论

　　区域景观的变化与演化是其永远不变的主题与固有的本质属性特征。站在景观客体本身的角度，区域景观生态系统往往是在自身新陈代谢及外界自然力作用下，并基于其自适应性、自组织性与自演变性三个特征属性，经由漫长时空变化与演化达成的一种稳定态。而人类主导下，通过其意识和行为作用于自然环境是建构具有明显人类干预色彩景观的主要途径。显然，这种人类主观能动实践若是不能与自然景观的进化过程良性匹配或形成恰当的嵌入关系，则区域景观的"稳定态"必然受到扰乱或破坏的冲击。在当前区域生态危机愈发加深、区域环境问题日益严峻的背景下，研究首先提出：

　　①区域景观营建的"主体价值观念"由"生态系统服务"向"服务生态系统"转向的必要性。

　　②区域景观营建的"规划组织系统"由"单条腿走路"向"双通路并进"转向的必要性。

　　③区域景观营建的"基础思维模式"由"非过程属性"向"过程属性"转向的必要性。

　　④区域景观营建的"学科发展方向"由"设计工具"向"道德高地"转向的必要性。

　　以上述四个方面的认知为基础，本书的主要研究结果如下。

　　其一，通过研究背景与研究问题的分析，基于实证研究的问题评析与解决路径概述，识别区域景观生态系统服务概念与实践的反思、我国生态文明建设对区域景观营建提出的新要求、基础理论发展需求的响应是本书研究的缘起。进而以核心概念界定为前提，紧扣研究核心主旨并结合国内外相关研究分析与评述，着重指出人与外部环境的长期交互作用和彼此影响促生了与区域景观相关的空间、美学、伦理这三个面向的议题。区域景观首先是人与其他生物类群存续的物质空间媒介，承载了供其体验与栖息的基础功能；区域景观其次是审美的对象，反映了人与自然的关系，呈现了人对外部环境的态度、理想与情感；区域景观还是生态系统的载体，是有待人通过严谨、科学的态度对其进行探知与解读的客观对象；同时，以自然环境为基底，区域景观也是反映与记载人与人、人与环境间文化传承、情感寄托以及场所精神等交互特征的符号与烙印；并强调生态系统服务的核心内涵是非真生态的区域景观营建观。区域景观的生态化营建需要向"服务生态系统"的崇高意识与高尚情操应时转向，景观服务、景观美学服务是对区域生态系统服务中"生态文化建设缺位"的应激性回应。区域景观的生态化营建需要以系统性的"区域景观生态文化建设"予以支撑。

其二，过程多用来形容时间轴尺度下，通过一定步骤与程序对相关目标实现的时间流变行动实践，而协同兼具合作、协作与协调的含义，是一个整体的创造，它比其各部分的简单相加更大。结合对景观营建协同核心内涵的讨论与思辨，本书指出：区域景观是人类和自然过程相互作用与演进过程中有关人地关系、审美表征、地理视野的描述与解释；从生物生态学的角度来看，人类虽然仅是受自然环境影响的一种动物，但其却在动植物群落与系统中占据有明显的生态优势，并以独特和创造性的方式改造环境、与环境进行交互。区域景观营建就是人类发挥主观能动性，基于不同目标达成或成果效益实现，对（或与）其外部环境进行的一种改造（或交互）实践；面向区域景观生态美学与空间生态科学协同建设的必要性，基于区域景观营建在过程哲学本质、过程科学本质、过程美学本质三个层面的认知与讨论，并结合协同的必要性解析及协同学理论视角，研究摒弃我国实质性区域景观规划实践中轻文化重空间的"单条腿走路"模式，指出构建以"区域景观生态文化营建"和"区域景观生态空间格局控制"为主旨的双通路式区域景观规划组织系统，才是真正推动当下区域生态文明共建的时代内容与制度创新。

其三，一方面，区域景观空间格局是区域生态系统的外在时空呈现，其生态过程则为区域生态系统的内在运作机制，两者交互影响共同决定了生态系统的具体特征与内涵。空间在时间上的绝对可变性（动态继承性与动态扰动性）决定了区域景观空间格局鲜明的过程属性。另一方面，区域景观是"人作为美学体验者"视角下对生态系统的专门称谓或描述性术语，人类根据自身的生存、经济、社会、文化和心理需要塑造自然，文化调和了人与生态系统或自然环境之间的关系，使其实现了人性化。区域景观文化沉淀是一个文化群体对自然景观进行塑造或加工的过程。在这一过程中，文化是主体，自然区域是对象，时间是媒介，文化与情感在自然景观中的反应与沉淀则为结果；再者，人作为审美主体在看待、理解及对待区域生态系统时所秉持的态度、情感及价值判断构成了自然观取向的景观美学伦理。区域景观美学伦理的养成或塑造同样具有非常鲜明的时间过程特征，并主要体现在美学主体在人生不同阶段，如童年时期与青年时期的成长环境、生活阅历如与他人的讨论、与哲学或宗教思想的接触等方面。就此，本书析出了生态系统的区域景观空间格局过程、区域景观文化沉淀过程、区域景观美学伦理过程三个基本属性，与区域景观营建服务生态系统的三个理念依据生态空间观、生态美学观、生态伦理观形成无缝衔接，并进一步引入协同学理论，通过区域景观营建的序参量分析、区域景观营建的协同放大效应分析、区域景观营建的自组织规律分析进行区域景观营建协同服务生态系统的基本机理分析，进而为服务生态系统视角下区域景观营建的内容构成与协同机制的立论必要性和合理性铺垫了严谨的理论演绎与推理基础。

其四，与自然间直接的、第一手的接触体验是人与自然系统间情感纽带得以维系或深化的最优方式，所积累的生态知识认知、树立的生态伦理价值对人的一生在有关人与自然关系的处理中都会产生非常积极的影响；另外，人类根据自身的生存、经济、社会、文化和心理需要塑造自然，加强地方认同与深化场所精神建设有助于人对外部环境的"呵护"与"关爱"感的生发与延续，进而对缓解人地关系矛盾以及激发前者主观生态意识发展带来正面效应。由此，本书提出：区域景观生态美学与区域景观生态伦理的培育有赖于景观生态文化的营建。而服务生态系统的景观生态文化营建的两个关键是"亲生命性的区域景观美学涵养培育"与"亲地方性的区域景观历史线索串联"。对于前者，研究强调了成长环境是景观美学认知形塑的关键，指出了亲生命性景观美学认知培育中存在的主要问题，并进而从意识培育是基础、科学认知是关键、社会议题是平台、惊奇之感是本质、合理设计是补充、亲近自然是路径、共存伦理是终点七个方面阐述了亲生命性景观美学认知培育的路径；同时，从荒野自然是亲生命性景观美学认知培育的本源空间载体、城市自然是亲生命性景观美学认知培育的生活空间载体两个视角，建构了亲生命性景观美学认知培育的空间载体支撑。对于后者，本书以景观历史重要性的内涵解释与其线索串联中存在的难题破题，以景观区域背景历史的基础解析、景观发展节点历史事件的深入挖掘、景观近期数据的科学采集与分析为系统要素，并通过景观历史线索串联的效益分析，提出了亲地方性的区域景观历史线索串联方法。

其五，当前，区域景观规划中的空间、生态统筹耦合进程滞后，两者二元分化发展特征依然明显。因此，对空间与生态二元研究主线的整合是区域景观规划的首要任务。另外，对规划是否会起作用并因此会有助于生态可持续性这个问题的回答，在很大程度上取决于规划过程中的决定与决策是否正确或正义。区域生态不但是区域生态基础设施建设与维护的核心尺度与层次单位，同时也是景观安全格局内涵视角下对自然生态演进与美学伦理发展进行测度的基本内容。基于此，本研究将"空间、生态二元景观规划的整合"与"区域景观规划中的生态规划决策"作为服务生态系统的景观空间格局控制的两个关键。面向区域空间、生态二元景观规划的整合，从空间、生态二元景观规划形成的背景与整合的意义入手，将空间、生态二元景观规划整合的过程分解为景观问题定义、区域景观方案生成、区域景观运作评估三个子过程，并在"景观空间分布模式的清晰解读""景观各层概念、模型及方法的测试与校核""景观生态持久性的预测评估""景观规划指标与规则的继承与制定"四个层面提出了空间、生态二元景观规划整合的策略；面向区域景观规划中的生态规划决策，先从目标的确定途径选择与目标的等级选择两个层面解释了区域景观规划中生态规划目标确定的途径，再从生态系统网络的选择与生态水平条件的选择两个视角阐述了区域景观规划中生态规划条件的选择方法，进而从决策框架步骤与结构、决策框架支撑指标示例、决策框架评价应用三个方面导出了区域景观规划中的生态决策框架。

其六，研究以"区域景观生态文化营建"和"区域景观生态空间格局控制"间协同作用发挥的内在关联性分析为基础，以"公众参与协同""规划策划协同""调研调查协同""问题析出协同""方案设计协同""方案实施协同"为依托，对服务生态系统的区域景观营建的协同机制构建进行了论述。

综上所述，面向当前区域景观营建实践之困局、风景园林学科适时演进之要求、生态系统服务概念之批判，站在"人类反哺自然—服务生态系统"的伦理高度，以回归生态系统自身发展与演化和人与生态系统彼此作用影响中的固有"过程属性"为主要抓手，研究提出了服务生态系统的区域景观营建的概念，建构了以"区域景观生态文化营建"和"区域景观生态空间格局控制"为主旨的双通路式区域景观营建组织系统。

总体来说，本研究分为两大部分，其一、其二、其三是本书的立论演绎与推理过程，其四、其五、其六则面向理论向实践应用的延展，共同组成了本书的方法体系探索与建构过程。本书研究的创新点主要包括以下三点。

①创建了服务生态系统的区域景观生态空间格局控制方法。

②阐明了服务生态系统的区域景观营建协同机制。

③提出了服务生态系统的区域景观生态文化营建策略。

人生漫漫，科研苦旅，学无止境。随着研究的深入，笔者愈加发现研究从深度和广度上看都有需要深化与拓展之处。但鉴于笔者专业水平及知识积累的限制，本书尚有诸多需要精进之处。结合课题研究的创新成果，本研究的不足与进一步的研究预期包括：

①区域景观营建是一个非常宏大的命题，需要研究的内容非常广泛，也涉及很多不同学科，任何理论研究都很难科学地涵盖其全部构成和运转规律。本书主要立足于城乡规划学专业背景，研究的重心仍然集中于文化与空间两个维度，限于笔者有限的时间、学识及阅历，本研究提出的方法与理论对未来区域景观营建的指导意义有限，有待借由相关实践检验及反馈对其进行补充与修正。

②本书以对"生态系统服务概念"所抱守的人类中心主义内涵的批判为着力点，从景观规划与风景园林学科的视角讨论了服务生态系统视域下区域空间、美学与伦理的统筹发展方向。而从不同的视角与学科交叉审视，仍会为课题相关研究带来更加广阔的理论价值与发展前景。尤其是对正处于使命变革节点的区域景观规划理论与方法来说，借由其他视角的进一步演绎推理与系统建构，势必将激发关于区域景观营建服务生态系统的多方位解读。

尽管区域景观营建面向的地域空间特征、审美主体美学倾向、历史文化属性等差异决定其无法形成具有普适性的规划范式或程式，但将理论引向实践，用实践反复检验理论，基于相应实践反馈制订出更详细、可实操且具有鲜明区域地方特征属性的区域景观营建及协同的组织步骤、评价指标、评估体系等，是真正推动理论迈向实际问题解决与实践过程应用的下一步重要任务。

参考文献

[1] 郇庆治 . 欧美生态主义与儒学生态学 [J]. 文史哲，2003（6）：116.

[2] 于冰沁，王向荣 . 生态主义思想对西方近现代风景园林的影响与趋势探讨 [J]. 中国园林，2012，28（10）：36-39.

[3] 王向荣，林箐 . 西方现代景观设计的理论与实践 [M]. 北京：中国建筑工业出版社，2002.

[4] 于冰沁 . 寻踪——生态主义思想在近现代风景园林中的产生、发展与实践 [D]. 北京：北京林业大学，2012.

[5] DEBORD G. The society of the spectacle[M]. Paris：Buchet-Chastel，1967.

[6] MACKAYE B. The new exploration：a philosophy of regional planning[M]. Urbana：University of Illinois Press，1962.

[7] International Federation of Landscape Architects. IFLA/UNESCO Chapter for Landscape Achitectural Education [EB/OL].[2005-08-15]. http：//www.ifla.org.

[8] 查尔斯·D. 科尔斯塔德 . 环境经济学 [M]. 彭超，王秀芳，译 . 北京：中国人民大学出版社，2016.

[9] WORDSWORTH W. The complete works of William Wordsworth[M]. Boston：Houghton Mifflin Company，1904.

[10] Millennium Ecosystem Assessment Board. Ecosystems and human well-being：synthesis[M]. Washington，D C：Island Press，2005.

[11] KUMAR P. 生态系统和生物多样性经济学生态和经济基础 [M]. 李俊生，翟生强，胡理乐，译 . 北京：中国环境科学出版社，2015.

[12] 理查德·T. T. 福曼 . 土地镶嵌体：景观与区域生态学 [M]. 北京：中国建筑工业出版社，2018.

[13] Council of Europe. European Landscape Convention，ETS 176[EB/OL].[2000−10−20]. https：//www.coe.int/en/web/conventions/full−list?module=treaty−detail&treatynum=176.

[14] 山西大学科学技术哲学研究中心 . 人类学与社会学哲学 [M]. 北京：北京师范大学出版社，2015.

[15] 中国大百科全书出版社编辑部 . 中国大百科全书·地理学 [M]. 北京：中国大百科全书出版社，1984.

[16] United Nations Educational，Scientific，and Cultural Organization. Links between biological and cultural diversity−concepts，methods and experiences[R]. Paris：UNESCO，2008.

[17] COSTANZA R，DALY H. Natural capital and sustainable development[J]. Conserv. Biol，1992，6（1）：37−46.

[18] MARSH G P. Man and nature[M]. New York：Charles Scribner's Sons，1864.

[19] EHRLICH P，WEIGERT R. Population，resources，environment：issues in human ecology[M]. San Francisco：W. H. Freeman，1970.

[20] 德内拉·梅多斯，乔根·兰德斯，丹尼斯·梅多斯 . 增长的极限 [M]. 李涛，王智勇，译 . 北京：机械工业出版社，2013.

[21] SCHUMACHER E F. Small is beautiful：a study of economics as if people mattered[M]. London：Blond & Briggs，1973.

[22] WESTMAN W. How much are nature's services worth?[J] Science，1977，197（4307）：960−964.

[23] EHRLICH P R，EHRLICH A H. Extinction：the causes and consequences of the disappearance of species[M]. New York：Random House，1981.

[24] PAUL R，EHRLICH P R，Mooney H A. Extinction，substitution，and ecosystem services[J]. BioScience，1983，33（4）：248−254.

[25] United Nations. Report of the World Commission on Environment and Development[R]. New York：General Assembly，1987.

[26] DAILY G C. Nature's services：societal dependence on natural ecosystems[M]. Washington，D C：Island Press，1997.

[27] COSTANZA R，ARGE R，GROOT R，et al. The value of the world's ecosystem services and natural capital[J]. Nature，1997，387：253−260.

[28] 杨莉，甄霖，潘影，等. 生态系统服务供给—消费研究：黄河流域案例 [J]. 干旱区资源与环境，2012，26（3）：131-138.

[29] MARTÍN-LÓPEZ B，GÓMEZ-BAGGETHUN E，GARCÍA-LLORENTE M，et al. Trade-offs across value-domains in ecosystem services assessment[J]. Ecol. Indic.，2014，37：220-228.

[30] ROBERT C，GROOT R D，BRAAT L，et al. Twenty years of ecosystem services：how far have we come and how far do we still need to go?[J] Ecosystem Services，2017，28：1-16.

[31] SUTTON P C，ANDERSON S J. Holistic valuation of urban ecosystem services in New York City's Central Park[J]. Ecosyst. Serv.，2016，19：87-91.

[32] CHEN Z X，ZHANG X S. Value of ecosystem services in China[J]. Science bulletin，2000，45（10）：870-876.

[33] XIE G D，LU C X，LENG Y F，et al. Ecological assets valuation of the Tibetan Plateau[J]. J. Nat. Resour.，2003，18（2）：189-196.

[34] SHI Y，WANG R S，HUANG J L，et al. An analysis of the spatial and temporal changes in Chinese terrestrial ecosystem service functions[J]. Chin. Sci. Bull.，2012，57（17）：2120-2131.

[35] FENG X M，FU B J，LU N Z，et al. How ecological restoration alters ecosystem services：an analysis of carbon sequestration in China's Loess Plateau[J]. Sci. Rep.，2013，3：1-5.

[36] LUO D，ZHANG W T. A comparison of Markov model-based methods for predicting the ecosystem service value of land use in Wuhan，central China[J]. Ecosyst. Serv，2014，7：57-65.

[37] WANG S X，WU B，YANG P N. Assessing the changes in land use and ecosystem services in an oasis agricultural region of Yanqi Basin，Northwest China[J]. Environ. Monit. Assess.，2014，186（12）：8343-8357.

[38] 欧阳志云，王效科，苗鸿. 中国陆地生态系统服务功能及其生态经济价值的初步研究 [J]. 生态学报，1999，19（5）：607-613.

[39] GUO Z W，XIAO X M，GAN Y L，et al. Ecosystem functions，services and their values-a case study in Xingshan County of China[J]. Ecological Economics，2001，38（1）：141-154.

[40] SUN C Z，WANG S，ZOU W. Chinese marine ecosystem services value：regional and

structural equilibrium analysis[J]. Ocean Coast. Manag., 2016, 125: 70–83.

[41] JIA X Q, FU B J, FENG X M, et al. The tradeoff and synergy between ecosystem services in the Grain-for-Green areas in Northern Shaanxi, China[J]. Ecol. Ind., 2014, 43: 103–113.

[42] LU Y H, FU B J, FENG X M, et al. A policy-driven large-scale ecological restoration: quantifying ecosystem services changes in the Loess Plateau of China[J]. PLoS One., 2012, 7（2）: 1–10.

[43] HOU Y, LI B, MUELLER F, et al. Ecosystem services of humandominated watersheds and land use influences: a case study from the Dianchi Lake watershed in China[J]. Environ. Monit. Assess, 2016, 188: 652.

[44] CHEN X, LUO Y, ZHOU Y, et al. Carbon sequestration potential in stands under the grain for green program in Southwest China[J]. PLoS ONE, 2009, 11（3）: 199–206.

[45] YIN R S, ZHAO M J. Ecological restoration programs and payments for ecosystem services as integrated biophysical and socioeconomic processes–China's experience as an example[J]. Ecol. Econ., 2012, 73: 56–65.

[46] ZHANG M Y, WANG K L, LIU H Y, et al. How ecological restoration alters ecosystem services: an analysis of vegetation carbon sequestration in the karst area of northwest Guangxi, China[J]. Environ. Earth Sci., 2015, 74（6）: 5307–5317.

[47] ALLENDORF T, YANG J M. The role of ecosystem services in park-people relationships: the case of Gaoligongshan nature reserve in southwest China[J]. Biol. Conserv, 2013, 167: 187–193.

[48] LINDEMANN-MATTHIES P, KELLER D, LI X F, et al. Attitudes toward forest diversity and forest ecosystem services–a cross-cultural comparison between China and Switzerland[J]. Plant Ecol., 2014, 7（1）: 1–9.

[49] PAN Y, MARSHALL S, MALTBY L. Prioritising ecosystem services in Chinese rural and urban communities[J]. Ecosyst. Serv., 2016, 21: 1–5.

[50] GUEVARA S, LABORDE J. The landscape approach: designing new reserves for protection of biological and cultural diversity in Latin America[J]. Environmental Ethics, 2008, 30: 251–262.

[51] COMBERTI C, THORNTONA T F, ECHEVERRIAA V W D, et al. Ecosystem services or services to ecosystems? Valuing cultivation and reciprocal relationships between humans and ecosystems[J]. Global Environmental Change, 2015, 34: 247–262.

[52] STEPHENSON J. The cultural values model: an integrated approach to values in landscapes[J]. Landscape and Urban Planning, 2008, 84 (2): 127–139.

[53] BRAAT L C, DE GROOT R. The ecosystem services agenda: bridging the worlds of natural science and economics, conservation and development, and public and private policy[J]. Ecosyst. Serv., 2012, 1 (1): 4–15.

[54] BUCHEL S, FRANTZESKAKI N. Citizens' voice: a case study about perceived ecosystem services by urban park users in Rotterdam, the Netherlands[J]. Ecosyst. Serv., 2015, 12: 169–177.

[55] FISH R, CHURCH A, WINTER M. Conceptualising cultural ecosystem services: a novel framework for research and critical engagement[J]. Ecosyst. Serv, 2016, 21: 208–217.

[56] JONES L, NORTON L, AUSTIN Z, et al. Stocks and flows of natural and human-derived capital in ecosystem services[J]. Land Use Policy, 2016, 52: 151–162.

[57] CHAN K M A, SATTERFIELD T, GOLDSTEIN J. Rethinking ecosystem services to better address and navigate cultural values[J]. Ecol. Econ., 2012, 74: 8–18.

[58] DANIEL T C, MUHAR A, ARNBERGER A, et al. Contributions of cultural services to the ecosystem services agenda[J]. Proceedings of the National Academy of the United States of America Sciences, 2012, 109 (23): 8812–8819.

[59] GOULD R K, KLAIN S C, ARDOIN N M, et al. A protocol for eliciting nonmaterial values through a cultural ecosystem services frame[J]. Conserv. Biol., 2015, 29 (2): 575–586.

[60] VAN RIPER C J, KYLE G T. Capturing multiple values of ecosystem services shaped by environmental worldviews: a spatial analysis[J]. Environ. Manage, 2014, 145: 374–384.

[61] CHRISTIE M, FAZEY I, COOPER R. An evaluation of monetary and non-monetary techniques for assessing the importance of biodiversity and ecosystem services to people in countries with developing economies[J]. Ecol. Econ, 2012, 83: 67–78.

[62] BERTRAM C, REHDANZ K. Preferences for cultural urban ecosystem services: comparing attitudes, perception, and use[J]. Ecosyst. Serv, 2015, 12: 187–199.

[63] BIELING C. Cultural ecosystem services as revealed through short stories from residents of the Swabian Alb (Germany) [J]. Ecosyst. Serv, 2014, 8: 207–215.

[64] HERNÁNDEZ-MORCILLO M, PLIENINGER T, BIELING C. An empirical review of

cultural ecosystem service indicators[J]. Ecological Indicators，2013，29：434-444.

[65] PRÖPPER M，HAUPLS F. The culturality of ecosystem services：emphasizing process and transformation[J]. Ecol. Econ，2014，108：28-35.

[66] WALLACE K J. Values：drivers for planning biodiversity management[J]. Environ. Sci. Policy，2012，17：1-11.

[67] POTSCHIN M B，HAINES-YOUNG R H. Ecosystem services：exploring a geographical perspective[J]. Prog. Phys. Geogr，2011，35（5）：575-594.

[68] HICKS C C，CINNER J E，STOECKL N. Linking ecosystem services and human-values theory[J]. Conserv. Biol，2015，29（5）：1471-1480.

[69] ABSON D J，TERMANSEN M. Valuing ecosystem services in terms of ecological risks and returns[J]. Conserv. Biol，2011，25（2）：250-258.

[70] ALLAN J D，SMITH S D P，MCINTYRE P B，et al. Using cultural ecosystem services to inform restoration priorities in the Laurentian Great Lakes[J]. Front. Ecol. Environ，2015，13（8）：418-424.

[71] BROWN G，HAUSNET H V，LAEGREID E. Physical landscape associations with mapped ecosystem values with implications for spatial value transfer：an empirical study from Norway[J]. Ecosyst. Serv，2015，15：19-34.

[72] CHURCH A，FISH R，HAINES-YOUNG R，et al. UK national ecosystem assessment follow-on. Work Package Report 5：cultural ecosystem services and indicators. U. N. E. Assessment[R]. Cambridge：UN Environment Programme World Conservation Monitoring Centre，Living With Environmental Change（UNEP-WCMC，LWEC），2014.

[73] HAINES-YOUNG R，POTSCHIN M. Common international classification of ecosystem services（CICES）：consultation on Version 4，August-December[R]. Copenhagen：European Environment Agency，2012.

[74] Cannavo P F. The working landscape：founding，preservation and the politics of place[M]. Cambridge：The MIT Press，2007.

[75] 董连耕，朱文博，高阳，等 . 生态系统文化服务研究进展 [J]. 北京大学学报（自然科学版），2014，50（6）：1155-1162.

[76] 戴培超，张绍良，刘润，等 . 生态系统文化服务研究进展——基于 Web of Science 分析 [J]. 生态学报，2019，39（5）：1863-1875.

[77] 徐亚丹，陈瑾妍，张玉钧 . 生态系统文化服务研究综述 [J]. 河北林果研究，2016，31（2）：210-216.

[78] 李想，雷硕，冯骥，等. 北京市绿地生态系统文化服务功能价值评估 [J]. 干旱区资源与环境，2019，33（6）：33-39.

[79] 李晟，郭宗香，杨怀宇，等. 养殖池塘生态系统文化服务价值的评估 [J]. 应用生态学报，2009，20（12）：3075-3083.

[80] 霍思高，黄璐，严力蛟. 基于 SolVES 模型的生态系统文化服务价值评估——以浙江省武义县南部生态公园为例 [J]. 生态学报，2018，38（10）：3682-3691.

[81] 彭婉婷，刘文倩，蔡文博，等. 基于参与式制图的城市保护地生态系统文化服务价值评价——以上海共青森林公园为例 [J]. 应用生态学报，2019，30（2）：439-448.

[82] 杨青娟，梅瑞狄斯·弗朗西丝·多比. 雨洪管理多功能景观文化生态系统服务的重要性—满意度研究 [J]. 景观设计学，2019，7（1）：52-67.

[83] 范晓赟，杨正勇，唐克勇，等. 农业生态系统文化服务的支付意愿与受偿意愿的差异性分析——以上海池塘养殖为例 [J]. 中国生态农业，2012，20（11）：1546-1553.

[84] MATSUOKA R H，KAPLAN R. People needs in the urban landscape：analysis of landscape and urban planning contributions[J]. Landsc Urban Plan，2008，84：7-19.

[85] WU J G. Landscape ecology，cross-disciplinarity，and sustainability science[J]. Landscape Ecol，2006，21：1-4.

[86] HELMING K，PEREZ-SOBA M，TABBUSH P，et al. Sustainability impact assessment of land use changes[M]. Berlin：Springer，2007.

[87] BRUNCKHORST D，COOP P，REVE I. "Eco-civic" optimisation：a nested framework for planning and managing landscapes[J]. Landsc Urban Plan，2006，75：265-281.

[88] MACLEOD C J A，SCHOLEFIELD D，HAYGARTH P M. Integration for sustainable catchment management[J]. Sci Total Environ.，2007，373：591-602.

[89] JOBIN B，BEAULIEU J，GRENIER M，et al. Landscape changes and ecological studies in agricultural regions，Quebec，Canada[J]. Landscape Ecol.，2003，18：575-590.

[90] TERMORSHUIZEN J W，OPDAM P，VAN DEN BRINK A. Incorporating ecological sustainability in landscape planning[J]. Landsc Urban Plan，2007，79：374-384.

[91] BODIN Ö，ROBINS G，MCALLISTER R R J，et al. Theorizing benefits and constraints in collaborative environmental governance：a transdisciplinary social-ecological network approach forempirical investigations[J]. Ecol. Soc，2016，21（1）：40.

[92] ELLENBERG H. Die Okosysteme der Erde：Versuch einer Klassifikation der Okosysteme nach funktionalen Gesichtspunkten[M]//ELLENBERG H. Okosystemforschung. Berlin：Springer，1973.

[93] LEIBENATH M，GAILING L. Semantische Annaherung an die Worte Landschaft und Kulturlandschaft[M]//SCHENK W，KUHN M，LEIBENATH M，TZSCHASCHEL S. Suburbane Raume als Kulturlandschaften[M]. Hannover：Verlag der ARL，2012.

[94] BASTIAN O，GRUNEWALD K，SYRB R U，et al. Landscape services：the concept and its practical relevance[J]. Landscape Ecol.，2014，29：1463–1479.

[95] TERMORSHUIZEN J W，OPDAM P. Landscape services as a bridge between landscape ecology and sustainable development[J]. Landscape Ecology，2009，24（8）：1037–1052.

[96] OPDAM P. Using ecosystem services in community–based landscapeplanning：science is not ready to deliver[M]//FU B，JONES K B. Landscape ecology for sustainable environment and culture[M]. Dordrecht：Springer，2013.

[97] 宋章建，曹宇，谭永忠，等 . 土地利用 / 覆被变化与景观服务：评估、制图与模拟[J]. 应用生态学报，2015，26（5）：1594–1600.

[98] 梅亚军，温馨，沈关东 . 景观服务评估与制图研究进展 [J]. 中国人口·资源与环境，2016，26（5）：546–548.

[99] 梅亚军,陈海,宋世雄,等 . 生态脆弱区景观服务及其空间分异——以米脂县为例[J]. 西北大学学报（自然科学版），2017，47（4）：613–621.

[100] 彭建，杜悦悦，刘焱序，等 . 从自然区划、土地变化到景观服务：发展中的中国综合自然地理学 [J]. 地理研究，2017，36（10）：1819–1833.

[101] 刘文平 . 景观服务及其空间流动：连接风景园林与人类福祉的纽带 [J]. 风景园林，2018（3）：100–104.

[102] 邬振华，高峻 . 景观服务：生态系统服务评估的新进展 [J]. 生态经济，2015，31（11）：27–31.

[103] 俞孔坚 . 论景观的服务 [J]. 景观设计学 . 2019（2）：1–2.

[104] 张雪峰，牛建明，张庆，等 . 整合多功能景观和生态系统服务的景观服务制图研究框架 [J]. 内蒙古大学学报（自然科学版），2014，45（3）：329–336.

[105] CARLSON A. Environmental aesthetics and the requirements of environmentalism[J]. Environ. values，2010，19（3）：289–314.

[106] SELMAN P，SWANWICK C. On the meaning of natural beauty in legislation[J]. Landsc.

Res，2009，35（1）：3–26.

[107] BERLEANT A. What is aesthetics engagement?[J]. Contemporary Aesthetics，2013，11.

[108] HEPBURN R. 'Contemporary aesthetics and the neglect of natural beauty' in "wonder" and other essays[M]. Edinburgh：Edinburgh University Press，1984.

[109] COOPER N S，LONSDALE D. Veteran trees：a study in conservation motivation[J]. ECOS，2004，25（2）：74–84.

[110] MATTHEW A，KENNETH R，DAVID S，et al. The U.S. forest service and its responsibilities under the National Environmental Policy Act：a work design problem[J]. Public Organization Review，2011，11（2）：135–153.

[111] ERIN S，LEE K C，ALLIE M. Institutional，individual，and socio–cultural domains of partnerships：a typology of USDA forest service recreation partners[J]. Environmental Management，2011，48（3）：615–630.

[112] ARTHUR L M，DANIEL T C，BOSTER R S. Scenic assessment：an overview[J]. Landscape Planning. 1977，4：109–129.

[113] KAPLAN S. The experience of nature[M]. Cambridge：Cambridge University Press，1989.

[114] ZUBE E H，SELL J L，TAYLOR J G. Landscape perception：research，application and theory[J]. Landscape planning，1982，9（1）：1–33.

[115] DENG S Q，YAN J F，GUAN Q W. Short–term effects of thinning intensity on scenic beauty values of different stands[J]. Journal of Forest Research，2013，18（3）：209–219.

[116] KAPLAN R. The analysis of perception via preference：a strategy for studying how the environment is experienced[J]. Landscape Planning，1985，12（2）：161–176.

[117] KAPLAN S. Cognition and environment：functioning in an uncertain world[M]. New York，Praeger，1982.

[118] APPLETON J. The experience of landscape[M]. New York：John Wiley，1975.

[119] PARSONS R. The potential influences of environmental perception on human health[J]. Journal of environmental psychology，1991，11（1）：1–23.

[120] HARTIG T. Nature experience in transactional perspective[J]. Landscape and urban planning，1993，25（1–2）：17–36.

[121] WOLSINK M. Planning of renewables schemes：Deliberative and fair decision–making

on landscape issues instead of reproachful accusations of non-cooperation[J]. Energy policy, 2007, 35（5）: 2692-2704.

[122] ROSENBLATT H S. The humanness of two abrahams[J]. Journal of Religion and Health, 1977, 16（1）: 22-25.

[123] MCHARG I L. Design with nature[M].New York: Natural History Press, 1969.

[124] TVEIT M, ODE A, FRY G. Key concepts in a framework for analyzing visual landscape character[J]. Landscape Research, 2007, 31: 229-255.

[125] MUHAMAD S F R, HASANUDDIN L, SYUMI R A R. Perceiving the aesthetic value of the rural landscape through valid indicators[J]. Procedia – Social and Behavioral Sciences, 2013, 85（9）: 318-331.

[126] 宗白华. 美学散步 [M]. 上海: 上海人民出版社, 1981.

[127] 李文华, 张彪, 谢高地. 中国生态系统服务研究的回顾与展望 [J]. 自然资源学报, 2009, 24（1）: 1-10.

[128] 潘影, 肖禾, 宇振荣. 北京市农业景观生态与美学质量空间评价 [J]. 应用生态学报, 2009, 20（10）: 2455-2460.

[129] 蒋丹群, 徐艳. 土地整治景观美学评价指标体系研究 [J]. 中国农业大学学报, 2015, 20（4）: 224-230.

[130] 张凯旋, 张建华. 上海环城林带保健功能评价及其机制 [J]. 生态学报, 2013, 33（13）: 4189-4198.

[131] 宋力, 何兴元, 徐文铎, 等. 城市森林景观美景度的测定 [J]. 生态学, 2006, 25（6）: 621-624.

[132] 江波, 袁位高, 戚连忠, 等. 森林风景功能的计量评价 [J]. 生态学报, 2005, 25（3）: 615-620.

[133] 钟林生, 肖笃宁, 陈文波. 乌苏里江国家森林公园规划方案的景观指数辅助评价 [J]. 应用生态学报, 2002, 13（1）: 31-34.

[134] 郑晓笛, 李发生. 将美学与景观艺术融入污染土地治理 [J]. 中国园林, 2015（5）: 25-28.

[135] 甘永洪, 罗涛, 张天海, 等. 视觉景观主观评价的 "客观性" 探讨——以武汉市后官湖地区景观美学评价为例 [J]. 人文地理, 2013（6）: 58-63.

[136] 毛炯玮, 朱飞捷, 车生泉. 城市自然遗留地景观美学评价的方法研究——心理物理学方法的理论与应用 [J]. 中国园林, 2010（3）: 51-54.

[137] KIDDER R. How good people make tough choices: resolving the dilemmas of ethical

living[M]. New York: Harper Collins, 2003.

[138] ROLSTON H. Does aesthetic appreciation of landscapes need to be science–based?[J]. British Journal of Aesthetics, 1995, 35（4）: 376, 380.

[139] United Nations Educational, Scientific and Cultural Organization. Expert group on cultural landscapes: Guidelines on the inscription of specific types of properties on the world heritage list[R]. France: La Petite Pierre, 1992.

[140] SWANSON F J, KRATZ T K, CAINE N, et al. Landform effects on ecosystem patterns and processes[J]. BioScience, 1988, 38（02）: 92–98.

[141] RESCHER N. Process philosophy: an introduction to process philosophy[M]. Albany: State University of New York Press, 1996.

[142] DINES N, BROWN K. Landscape architect's portable handbook[M]. New York: McGraw–Hill Professional, 2001.

[143] STEINER F. The living landscape: an ecological approach to landscape planning[M]. Washington, D C: Island Press, 2008.

[144] STEINER F, KENT B. Planning and urban design standards（student edition）[M]. Hoboken, N J: John Wiley & Sons, 2007.

[145] JANTSCH E. Toward interdisciplinarity and transdisciplinarity ineducation and innovation[M]// APOSTEL L, BERGER G, BRIGGS A, et al. Interdisciplinarity: problems of teaching and research in universities[M]. Paris: Organization for Economic Development and Co–operation, 1972.

[146] BERTALANFFY L V. Modern theories of development[M]. New York: Harper, 1962.

[147] BURNHAM J. Beyond modern sculpture: the effects of science and technology on the sculpture of this century[M]. New York: George Braziller, 1968.

[148] 霍尔姆斯·罗尔斯顿. 环境伦理学 [M]. 杨通进, 译. 北京: 中国社会科学出版社, 2000.

[149] MCNEILL D, FREIBERGER P. Fuzzy logic[M]. New York: Simon & Schuster, 1993.

[150] TUCKER A W, LUCE R D. Contributions to the theory of games[M]. Princeton, New Jersey: Princeton University Press, 1959.

[151] ASHBY W R. Principles of the self–organizing dynamic system[J]. Journal of General Psychology. 1947, 37: 125–128.

[152] HEYLIGHEN F P. Complexity and self–organization[M]// BATES M J, MACK M N. Encyclopedia of library and information sciences. London: Taylor and Francis, 2008.

[153] LUCAS C. Self-organization FAQ[EB/OL].[1997-05-24]. http://psoup.math.wisc.edu/archive/sosfaq.html.

[154] CAMAZINE S, DENEUBOURG J L, FRANKS N R, etc. Self-organization in biological system[M]. Princeton, N.J.: Princeton University Press, 2001.

[155] WHITEHEAD A N. Symbolism: its meaning and effect[M]. London/Oxford: MacMillan, 1927.

[156] DEMPSTER M B L. A self-organizing systems perspective on planning for sustainability[D]. Waterloo, Ontario, Canada: University of Waterloo, 1998.

[157] HAKEN H. Information and self-organization: a macroscopic approach to complex systems[M]. New York: Springer, 2000.

[158] ZEIGER H J, KELLEY P L. Lasers[M]//LERNER R, TRIGG G The encyclopedia of physics. Chichester, U.K.: VCH Publishers, 1991.

[159] PRIGOGINE I, NICOLIS G. Self-organization in non-equilibrium systems[M]. New York: Wiley, 1997.

[160] DE BARY H A. Die Erscheinung der Symbiose[M]. Strasbourg: Trübner, 1879.

[161] MARGULIS L. Symbiosis in cell evolution[M]. New York: W.H. Freeman & Company, 1981.

[162] DOUGLAS A E. The symbiotic habit[M]. Princeton: Princeton University Press, 2014.

[163] WARREN W. Science and complexity[J]. American Scientist. 1948, 36（4）: 536-44.

[164] SIMON H A. Models of bounded rationality[M]. Cambridge, Massachusetts: MIT Press, 1982.

[165] DRURY H B. Scientific management; a history and criticism[M]. New York: Columbia University, 1915.

[166] 赫尔曼·哈肯. 大自然成功的奥秘: 协同学[M]. 凌复华, 译. 上海: 上海译文出版社, 2018.

[167] 郭治安. 协同学入门[M]. 成都: 四川人民出版社, 1988.

[168] 范如国. 复杂网络结构范型下的社会治理协同创新[J]. 中国社会科学, 2014（4）: 98-120, 206.

[169] 蒋亚楠, 陈亚男, 王文亮, 等. 我国协同创新中心生态机制影响因素分析——基于扎根理论的多案例研究[J]. 河南科学, 2016, 34（3）: 446-452.

[170] 朱新福. 美国生态文学研究[D]. 苏州: 苏州大学, 2005.

[171] 尹鸿翔. 论环境法律关系[D]. 青岛: 中国海洋大学, 2014.

[172] 联合国环境署 . 2018 年度报告 [R]. 2018.

[173] 奥尔多·利奥波德 . 沙乡年鉴 [M]. 侯文惠，译 . 长春：吉林人民出版社，1997.

[174] 蕾切尔·卡逊 . 寂静的春天 [M]. 曹越，译 . 武汉：长江文艺出版社，2017.

[175] PARFIT D. Reasons and persons[M]. Oxford：Clarendon Press，1984.

[176] BARRY B. Sustainability and intergenerational justice[M]// Dobson A. Fairness and futurity. Oxford：Oxford University Press，1999.

[177] SINGER P. All animals are equal[J]. Philosophical exchange，1974，1（5）：243-257.

[178] REGAN T. The case for animal rights[M]. Berkeley：University of California Press，2004.

[179] CALLICOTT J B. Animal liberation：a triangular affair[J]. Environmental ethics，1980（2）：311-328.

[180] SAGOFF M. Animal liberation and environmental ethics：bad marriage，quick divorce[J]. Osgoode hall law journal，1984，22（2）：297-307.

[181] NAESS A. The shallow and the deep，long-range ecology eovement：a summary[J]. Inquiry，1973，16：95-100.

[182] SESSIONS G. The deep ecology movement：a review[J]. Environ History，1987，11（2）：105-125.

[183] BATCHELOR J L，RIPPLE W J，WILSON T M，et al. Restoration of Riparian areas following the removal of cattle in the Northwestern Great Basin[J]. Environmental management，2015，55（4）：930-942.

[184] PALMER M A，RUHL J B. Aligning restoration science and law to sustain ecological infrastructure for the future[J]. Frontiers in Ecology and the Environment，2015，13（9）：512-519.

[185] FOSTER D，SWANSON F，ABER J，et al. The importance of land-use legacies to ecology a conservation[J]. BioScience，2003，53（1）：77-88.

[186] ZITER C，GRAVES R A，TURNER M G. How do land-use legacies affect ecosystem services in United States cultural landscapes?[J] Landscape Ecol.，2017，32（11）：2205-2218.

[187] BERLEANT A. Living in the landscape：toward an aesthetics of environment[M]. Lawrence：University Press of Kansas，1997.

[188] BERLEANT A. What is aesthetic engagement?[J] Contemporary Aesthetics，2013，11：Article 5.

[189] CARROLL N. On being moved by nature: between religion and natural history, in landscape, natural beauty and the arts[M]// KEMAL S, GASKELL I. Cambridge: Cambridge University Press, 1993.

[190] GODLOVITCH S. Icebreakers: environmentalism and natural aesthetics[J]. Journal of Applied Philosophy, 1994, 11: 15-30.

[191] HEPBURN R W. Landscape and the metaphysical imagination[J]. Environmental Values, 1996, 5: 191-204.

[192] CARLSON A. Nature appreciation, science, and positive aesthetics [J]. Journal of Aesthetics and Art Criticism, 1979, 37: 267-276.

[193] PARSONS G. Nature appreciation, science, and positive aesthetics[J]. British Journal of Aesthetics, 2002, 42: 279-295.

[194] ALLEN C. Aesthetics and environment: the appreciation of nature, art and architecture[M]. New York: Routledge Press, 2000.

[195] NIGEL C, EMILY B, HELEN S, et al. Aesthetic and spiritual values of ecosystems: recognising the ontological and axiological plurality of cultural ecosystem 'services' [J]. Ecosystem Services, 2016, 21: 218-229.

[196] HEPBURN R. Contemporary aesthetics and the neglect of natural beauty[M]// WILLIAMS B, MONTEFIORE A. British analytical philosophy. London: Routledge and Kegan Paul, 1966.

[197] GODLOVITCH S. Icebreakers: environmentalism and natural aesthetics[M]// CARLSON A, BERLEANT A. Aesthetics of natural environments. Ontario: Broadview Press, 2004.

[198] CARLSON A. Nature and positive aesthetics[J]. Environmental Ethics, 1984, 6 (1): 5-34.

[199] ROLSTON H. Is there an ecological ethic?[J]. Ethisc, 1975, 85 (2): 93-109.

[200] JOHN K. The balance of nature: ecology's enduring myth[M]. Princeton: Princeton University Press, 2009.

[201] WU J G. Landscape Ecology[M]// HASTINGS A, GROSS L. Earth systems and environmental sciences, encyclopedia of ecology. California: University of California, 2008.

[202] RISSER P G, IVERSON L R. 30 years later-Landscape ecology: directions and approaches[J]. Landscape Ecology, 2013, 28: 367-369.

[203] FORMAN R T T. An ecology of the landscape[J]. Bioscience, 1983, 33: 535.

[204] KRICHER J. The balance of nature: ecology's enduring myth[M]. Princeton: Princeton University Press, 2009.

[205] ZONNEVELD I S. Land（scape）ecology, a science or a state of mind[M]// TJALLINGII S P, DE VEER A A. Perspectives in Landscape Ecology. Wageningen, Netherlands: Pudoc, 1982.

[206] FROMM E S. The heart of man[M]. New York City: Harper Collins, 1980.

[207] WILSON E O. Biophilia[M]. Cambridge: Harvard University Press, 1984.

[208] RICHARDS R. A new aesthetic for environmental awareness: chaos theory, the beauty of nature, and our broader humanistic identity[J]. Journal of Humanistic Psychology, 2001, 41（2）: 59–95.

[209] JACKSON J B. Discovering the vernacular landscape[M]. New Haven: Yale University Press, 1984.

[210] HELLDÉN G. Personal context and continuity of human thought: recurrent themes in a longitudinal study of pupils' understanding of scientific phenomena[M]// BEHRENDT H, DAHNCKE H, DUIT R, et al. Research in science education : past, present, and future. Springer, Dordrecht, 2001.

[211] HELLDÉN G, HELLDÉN S. Students' early experiences of biodiversity and education for a sustainable future[J]. Nordic Studies in Science Education, 2008, 4（2）: 123–131.

[212] MAGNTORN O, HELLDÉN G. Reading nature from a 'bottom–up' perspective[J]. Journal of Biological Education, 2007, 41（2）: 68–75.

[213] Ministry of Education and Science in Sweden. Curriculum for the pre–school[P]. Stockholm: Fritzes, 1998.

[214] WILSON R A. Starting early environmental education during the early childhood years（ERIC Digest）[R]. Columbus, OH: ERIC Clearinghouse for Science, Mathematics and Environmental Education, 1996.

[215] PUGH K J, GIROD M. Science, art and experience: constructing a science pedagogy from Dewey's aesthetics[J]. Journal of Science Teacher Education, 2007, 18（1）: 9–27.

[216] HERBERT S. Principles of psychology[M]. London: Williams and Norgate, 1896.

[217] Worth J. Book review of greening school grounds: creating habitats for learning[J]. Children, Youth and Environments, 2003, 13（2）: 157–161.

[218] COFFEY A. Transforming school grounds[M]// GRANT T, LITTLEJOHN G. greening school grounds: creating habitats for learning. Toronto: New Society Publishers, 2001.

[219] RENEHAN E. John Burroughs: an American naturalist[M]. New York City: Black Dome Press, 1998.

[220] GREENE M. The spaces of aesthetic education[J]. Journal of Aesthetic Education, 1986, 20: 56-62.

[221] PETERS R. The philosophy of education[M]. London: Oxford University Press, 1973.

[222] CHAILLÉ C, BRITAIN L. The young child as scientist: A Constructivist Approach to Early Childhood Science Education[M]. Boston: Alyn & Bacon, 2003.

[223] ESHACH H, FRIED M. Should science be taught in early childhood?[J] Journal of Science Education and Technology, 2005, 14（3）: 315-336.

[224] DOLAN T J, NICHOLS B, ZEIDLER D. Using socioscientific issues in primary classrooms[J]. Journal of Elementary Science Education, 2009, 21: 1-12.

[225] MURDOCH I. The sublime and the good[J]. Chicago Review, 1959, 13: 42-45.

[226] SANTAYANA G. The sense of beauty: being the outline of an aesthetic theory[M]. New York: Dover, 1995.

[227] 霍尔姆斯·罗尔斯顿. 哲学走向荒野 [M]. 刘耳, 叶平, 译. 长春: 吉林人民出版社, 2001.

[228] 程虹. 寻归荒野 [M]. 北京: 生活·读书·新知三联书店, 2011.

[229] 爱德华·艾比. 孤独的沙漠 [M]. 李瑞, 王彦生, 任帅, 译. 海口: 海南出版社, 2003.

[230] HACKETT B. Landscape planning: an introduction to theory and practice[M]. Newcastle: Oriel Press, 1971.

[231] WHITNEY G G. From coastal wilderness to fruited plain: a history of environmental change in temperate North America, 1500 to the present[M]. Cambridge: Cambridge University press, 1994.

[232] THORNE J F. Landscape ecology: a foundation for greenway design[M]. Minneapolis: University of Minnesota Press, 1993.

[233] GHILARDI M, GENÇ A, SYRIDESC G, et al. Reconstruction of the landscape history around the remnant arch of the Klidhi Roman Bridge, Thessaloniki Plain, North Central Greece[J]. Journal of Archaeological Science, 2010, 37: 178-191.

[234] MAURIZIO S. Landscape history in the subalpine karst region of Moncodeno（Lombardy

Prealps，Northern Italy）[J]. Dendrochronologia，2005，23：19–27.

[235] TONN B E. 500–year planning[J]. J. Am. Planning Assoc.，1986，52（2）：185–193.

[236] FORMAN R T T. Land mosaics：the ecology of landscapes and regions[M]. Cambridge：Cambridge University Press，1995.

[237] 陈明，王凯. 我国城镇化速度和趋势分析——基于面版数据的跨国比较研究 [J]. 城市规划，2013，37（5）：16–21.

[238] 陈凤桂，张虹鸥，吴旗韬，等. 我国人口城镇化与土地城镇化协调发展研究 [J]. 人文地理，2010，25（5）：53–58.

[239] 陈波，包志毅. 生态规划：发展、模式、指导思想与目标 [J]. 中国园林，2003（1）：48–51.

[240] 况平，夏义民. 风景区生态规划的理论与实践 [J]. 中国园林，1998（2）：8–11.

[241] 关文斌，谢春华，马克明，等. 景观生态恢复与重建是区域生态安全格局构建的关键途径 [J]. 生态学报，2003，23（1）：64–73.

[242] 李咏红，香宝，袁兴中，等. 区域尺度景观生态安全格局构建——以成渝经济区为例 [J]. 草地学报，2013，21（1）：18–24.

[243] 许自力. 流域城乡水系景观问题及规划设想 [J]. 中国园林，2010，26（2）：13–18.

[244] NDUBISI F. Ecological planning；a historical and comparative synthesis[M]. Baltimore：The John Hopkins University Press，2002.

[245] 袁青，马彦红. 将景观历史作为开启景观规划的一把钥匙 [J]. 中国园林，2013，29（1）：55–59.

[246] AHERN J. "Integration of landscape ecology and landscape design：an evolutionary process" in lssues in landscape ecology[M]. Cambridge：Cambridge Univeristy Press，2004.

[247] GOBSTER P H. The aesthetic experience of sustainable forest ecosystems[R]. Fort Collins，Colorado：USDA Forest Service，Rocky Mountain Forest and Range Experiment Station，1994.

[248] 俞孔坚，李迪华，段铁武. 生物多样性保护的景观规划途径 [J]. 生物多样性，1998（3）：205–212.

[249] 李晓文，胡远满，肖笃宁. 景观生态学与生物多样性保护 [J]. 生态学报，1999（3）：399–407.

[250] 马克明，傅伯杰，周华峰. 景观多样性测度：格局多样性的亲和度分析 [J]. 生态

学报，1998（1）：76–81.

[251] CAIRNS J. J. Balancing ecological impairment and repair for sustainability[J]. Hydrobiologia，1999，416：77–83.

[252] VERBOOM J，FOPPEN R，CHARDON P，et al. Introducing the key patch approach for habitat networks with persistent population：an example for marshland bird[J]. Biol. Conserv，2001，100：89–101.

[253] JÉRÔME T，AMÉLIE B，RICHARD A. An evaluation framework based on sustainabilityrelated indicators for the comparison of conceptual approaches for ecological networks[J]. Ecological Indicators，2015，52：444–457.

[254] ZONNEVELD I S. Land（scape）ecology，a science or a state of mind[C]. Veldhoven，Netherlands：Proceedings of the 1st international congress in landscape ecology. 1982.

[255] 于冰沁，田舒，车生泉. 从麦克哈格到斯坦尼兹——基于景观生态学的风景园林规划理论与方法的嬗变 [J]. 中国园林，2013，29（4）：67–72.

[256] 林广思，赵纪军，王秉洛，等. 1949—2009 风景园林 60 年大事记 [J]. 风景园林，2009（4）：14–18.

[257] 陈波，包志毅. 景观生态规划途径在生物多样性保护中的综合应用 [J]. 中国园林，2003（5）：51–53.

[258] 李秀珍，胡远满，贺红士，等. 从第七届国际景观生态学大会看当前景观生态学研究的特点 [J]. 应用生态学报，2007（12）：2915–2916.

[259] 傅伯杰，吕一河，陈利顶，等. 国际景观生态学研究新进展 [J]. 生态学报，2008（2）：798–804.

[260] WIENS J A，MOSS M R. Issues and perspectives in landscape ecology[M]. Cambridge：Cambridge University Press，2005.

[261] 安晨，刘世梁，李新举，等. 景观生态学原理在土地整理中的应用 [J]. 地域研究与开发，2009，28（6）：68–74.

[262] VOS C C，TER BRAAK C J F，NIEUWENHUIZEN W. Incidence function modelling and conservation of the tree frog Hyla arborea in the Netherlands[J]. Ecol. Bull.，2000，48：165–180.

[263] 牛翠娟，娄安如，孙儒泳，等. 基础生态学 [M]. 北京：高等教育出版社，2002.